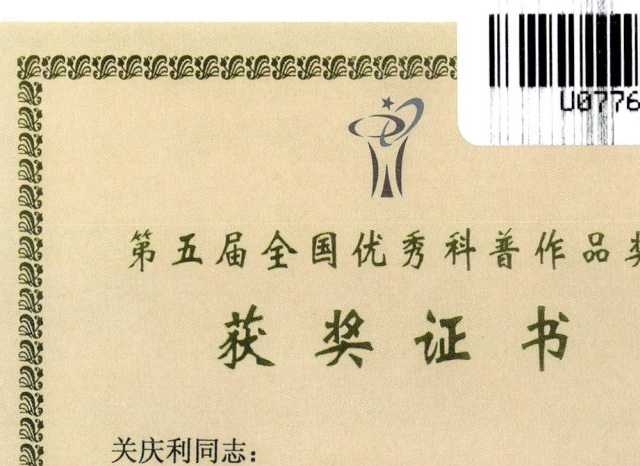

《海洋小百科全书》于2002年5月出版，2003年9月被中国共产党中央委员会宣传部、中国科学技术协会、中华人民共和国科学技术部、国家广播电影电视总局、中华人民共和国新闻出版总署、国家自然科学基金委员会、中国作家协会联合授予"第五届全国优秀科普作品奖科普图书类三等奖"。本书于2007年10月修订再版，现再次修订，由中山大学出版社出版。

《海洋小百科全书》荣获"第五届全国优秀科普作品奖"

海洋 小百科 全书

主 编 关庆利
副主编 丁玉柱 彭 垣

极地科考

夏立民 编著

中山大学出版社
·广州·

版权所有 翻印必究

图书在版编目(CIP)数据

极地科考/夏立民编著.—广州:中山大学出版社,2012.1

(海洋小百科全书/关庆利主编)

ISBN 978-7-306-03575-2

Ⅰ.①极… Ⅱ.①夏… Ⅲ.①极地-科学考察-普及读物 Ⅳ.①P941.6-49

中国版本图书馆 CIP 数据核字(2009)第 222092 号

出 版 人:	徐 劲
策划编辑:	蔡浩然
责任编辑:	蔡浩然
装帧设计:	杨桂荣 曾 斌
责任校对:	翁慧怡
责任技编:	何雅涛
出版发行:	中山大学出版社
电 话:	编辑部 020 - 84111996,84113349
	发行部 020 - 84111998,84111981,84111160
地 址:	广州市新港西路 135 号
邮 编:	510275 传 真:020 - 84036565
网 址:	http://www.zsup.com.cn E-mail:zdcbs@mail.sysu.edu.cn
印刷者:	佛山市浩文彩色印刷有限公司
规 格:	880mm×1230mm 1/32 8.5 印张 180 千字 4 插页
版次印次:	2012 年 1 月第 1 版
	2014 年 4 月第 4 次印刷
定 价:	16.80 元

如发现本书因印装质量影响阅读,请与出版社发行部联系调换

极地科考

◀ 探险家阿蒙森

▲ 国际横穿南极探险队合影

中国"雪龙"号南极考察船 ▲

▼ 南极海冰上的企鹅

◀ 探险家斯科特

南极内陆考察车队 ▲

◀ 欢乐的帝企鹅

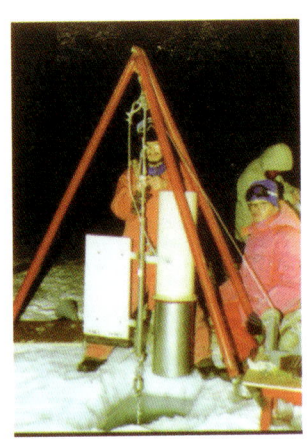

▶ 南极冬季野外考察

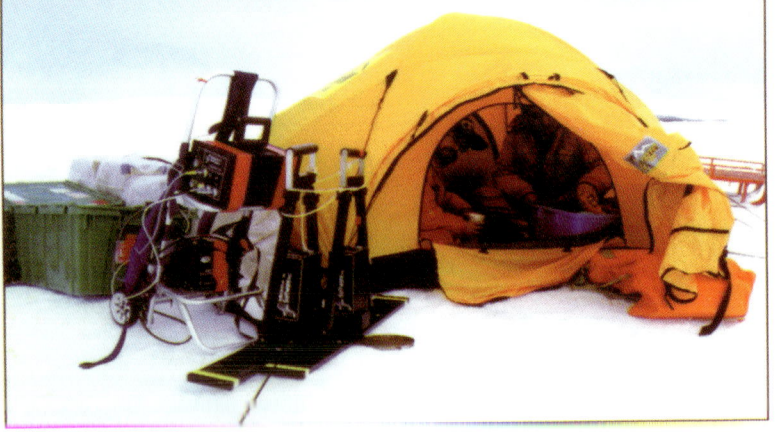

▶ 冰站之初

极地科考

▲ 中国少年在南极

▲ 南极幻日景观

▲ 南极冰山

▼ 南极极光

► 现代爱斯基摩女孩

海洋小百科全书　　极地科考

用冰雷达探冰 ◀　▶ 南极地质考察

海象群 ▲

▼ 北极气象考察

▶ 企鹅家庭

序言

海洋是人类的母亲,也是人类千万年来取之不尽、用之不竭的巨大资源宝库。在人类赖以生存的蓝色星球——地球上,蔚蓝色的海洋占有约71%的总面积。

雄踞在这颗蓝色星球的东方、浩瀚无垠的太平洋西岸上的中华人民共和国,不仅拥有960万平方千米的陆地国土,而且还拥有300万平方千米的海洋国土,有着1.8万千米绵延曲折的海岸线。在这浩瀚的蓝色国土上,珍珠般地镶嵌着大大小小6500多个美丽而富饶的岛屿。

勤劳勇敢的中华民族,在古代就凭着自己卓越的智慧和创造力,伐木成舟,劈波斩浪,牵星观月,远渡重洋,以举世瞩目的海洋文明跻身于世界航海强国的民族之林。

21世纪是海洋的世纪,21世纪的主人翁就是今天的青少年朋友。他们不仅是我国的未来和希望,而且必定是21世纪振兴经济和提升海洋科技的主力军。海洋将是青少年朋友报效祖国、振兴中华民族大显身手的辉煌舞台。只有帮助青少年及早地以科学的眼光认识世界的发展,科学地把握未来,早日加入到海洋开发建设的队伍中来,才能更好地发展我国的海洋经济,捍卫我国的海洋权益。未来是海洋的时代,只有让广大的青少年了解海洋、接近海洋、认识海洋,才能把握海洋、开发海洋、利用海洋和捍卫海洋权益,为祖国的海洋开发建设作贡献,为中华民族的子孙后代造福。为了提高中华民族的海洋文化素质,再铸中华民族海洋文明的辉煌,使我国成为21世纪的海洋强国,有识之士必须从现在做起,从青少年抓起,全面培养我国青少年的海洋意识,普及海洋科学知识,提高海洋科技技能,增强蓝色国土观念和捍卫海洋权益的责任感、使命感。从这个意义上说,在人类进入21世纪的伟大时代,在全球开始创造海洋经济的伟大时刻,在世界日益关注海洋权益的今天,出版这套经过缜密修订的全面、系统、科学地介绍海洋知识的《海洋小百科全书》,无疑是奉献给我国青少年朋友的一份珍贵礼物,是激发青少年的海洋兴趣、增长海洋知识、普及海洋文化、宣传海洋文明、提高海洋素质、促进海洋教育所做的一件功在当代、利在千秋的非常具有实践成就和指导意义的工作。

绚丽多姿的海洋召唤着青少年朋友们去探索和揭秘,无穷无尽的海洋宝藏等待着有志于海洋事业的青少年朋友们去开发和利用。这套图文并茂、深入浅出的《海洋小百科全书》,必将以丰富的知识性、深刻的思想性和高雅的趣味性,成为青少年朋友在蓝色海洋里成长、成才的良师益友。

祝愿青少年朋友读完这套书后能够早日成为大海的骄子,为把祖国建设成伟大的海洋经济强国和海洋科技强国贡献自己宝贵的青春和智慧。

国家海洋局局长:孙志辉

2010年4月6日

目 录

一、挑战人类的环境

1. 南极在哪里? …………………………………… (2)
2. 极圈在哪里? …………………………………… (2)
3. 南极洲有多大? ………………………………… (3)
4. 南极大陆是什么概念? ………………………… (4)
5. 南极属于哪个国家? …………………………… (4)
6. 为什么说南极大陆是最难接近的大陆? ……… (5)
7. 为什么说南极大陆是地球上最高的大陆? …… (5)
8. 在地球表面什么地方最冷? …………………… (6)
9. 南极为什么那么冷? …………………………… (7)
10. 南极为什么被称为地球的风极? …………… (8)
11. 南极的风为什么能杀人? …………………… (8)
12. 南极有雾吗? ………………………………… (9)
13. 南极是否也下雨? …………………………… (10)
14. 为什么说南极是"白色荒漠"? ……………… (10)
15. 南极大陆被冰覆盖的面积有多大? ………… (11)
16. 南极有多少冰? ……………………………… (11)
17. 南极冰盖的冰是从哪里来的? ……………… (12)
18. 南极大陆的冰为什么是流动的? …………… (12)
19. 南极冰盖表面是非常平的吗? ……………… (13)
20. 南极冰盖上的冰裂缝是怎么形成的? ……… (14)
21. 南极冰盖上的冰裂缝为什么是冰盖考察的巨大威胁?

……………………………………………………………………(14)
22. 冰盖考察队是怎样应付冰裂缝威胁的? …………………(15)
23. 南极冰为什么会"唱歌"? …………………………………(15)
24. 冰架是什么? ………………………………………………(16)
25. 南极海冰有什么特点? ……………………………………(16)
26. 南极的海上冰山是什么样子? ……………………………(17)
27. 冰山为什么会对现代化的考察船构成威胁? ……………(18)
28. 南极海冰有多厚? …………………………………………(19)
29. 南极冰山是怎样漂移的? …………………………………(19)
30. 冰山水下部分有多大? ……………………………………(20)
31. 最大的冰山有多大? ………………………………………(20)
32. 中纬度地区也会有冰山吗? ………………………………(21)
33. 南极冰山能被人类利用吗? ………………………………(22)
34. 世界上最长的冰川是哪个? ………………………………(23)
35. 世界上最大的高原是哪一个? ……………………………(24)
36. 南极有地震吗? ……………………………………………(24)
37. 南极有没有火山喷发? ……………………………………(25)
38. 哪里是南极点? ……………………………………………(26)
39. 在南极点会发生什么有趣的现象? ………………………(26)
40. 极点的一昼夜有多长? ……………………………………(27)
41. 南极点的自然状况是怎样的? ……………………………(27)
42. 南极点上有什么? …………………………………………(28)
43. 为什么南极有极昼和极夜? ………………………………(28)
44. 南磁极在哪里? ……………………………………………(29)
45. 为什么南极比北极寒冷? …………………………………(30)
46. 南极的最高峰在哪里? ……………………………………(30)
47. 何谓南极绿洲? ……………………………………………(30)
48. 南极的极地气旋是什么? …………………………………(31)
49. 南极风暴为什么既频繁又强烈? …………………………(32)

50. 什么是南极辐合带? …………………………… (32)
51. 南大洋指的是哪里? …………………………… (33)
52. "乳白天空"是什么? …………………………… (33)
53. 什么是极光? …………………………………… (34)
54. 极光是什么样子? ……………………………… (35)
55. 极光是怎么形成的? …………………………… (35)
56. 极光的形态是怎样划分的? …………………… (36)
57. 极光为什么绚丽多彩? ………………………… (36)
58. 科学家为什么要研究极光? …………………… (37)
59. 什么是南极的幻日? …………………………… (38)
60. 南极大陆是怎样漂移的? ……………………… (39)
61. 南极洲也曾拥有美丽的春天吗? ……………… (40)
62. 南极洲是从北冰洋里挖出来的吗? …………… (40)
63. 南极有多少矿藏? ……………………………… (41)
64. 南极铁矿知多少? ……………………………… (42)
65. 南极有煤吗? …………………………………… (43)
66. 南极有哪些有色金属矿产? …………………… (44)
67. 南极有石油和天然气吗? ……………………… (45)
68. 南极有没有河流? ……………………………… (45)
69. 南极有湖泊吗? ………………………………… (46)
70. 你知道中国南极站靠近什么湖? ……………… (46)
71. 你听说过南极的冰中湖吗? …………………… (47)
72. 南极大陆是何时被冰覆盖的? ………………… (48)
73. 南极大陆的冰盖会融化吗? …………………… (48)
74. 南极陨石是怎样被发现的? …………………… (50)
75. 为什么说南极是陨石的宝库? ………………… (51)
76. 南极陨石为什么可称为无价之宝? …………… (52)
77. 南极陨石有什么科学价值? …………………… (52)
78. 南极怎么会有火星陨石? ……………………… (53)

79. 我国至今发现了多少块南极陨石？……………………（54）
80. 南极蜂巢岩是如何形成的？……………………………（54）
81. 南极臭氧洞是怎么回事？………………………………（55）
82. 南极臭氧洞是怎么形成的？……………………………（56）
83. 南极臭氧洞有什么危害？………………………………（57）
84. 南极有没有抗紫外线的生物？…………………………（58）

二、不可争夺的土地

85. 为什么要制定《南极条约》？…………………………（60）
86. 《南极条约》是怎样产生的？…………………………（60）
87. 《南极条约》的重要内容是什么？……………………（61）
88. 《南极条约》中对领土问题是怎样规定的？…………（62）
89. 你知道《南极条约》的成员国都有谁吗？……………（63）
90. 《南极条约》协商国是怎么回事？……………………（64）
91. 《南极条约》协商国的重要贡献是什么？……………（64）
92. 我国什么时候加入了《南极条约》？…………………（65）
93. 《南极条约》与其他国际条约的主要区别是什么？
　　…………………………………………………………（65）
94. 《南极条约》体系是什么？……………………………（66）
95. 南极研究科学委员会是个什么组织？…………………（66）

三、南极人的生活

96. 南极考察队员吃什么？…………………………………（69）
97. 南极副食品有什么特点？………………………………（69）

极地科考

98.南极考察站的蔬菜从哪里来? ………………………… (70)
99.在南极能吃到新鲜水果吗? …………………………… (70)
100.什么是南极"倒蛋"? ………………………………… (71)
101.南极建筑怎样保温? …………………………………… (71)
102.南极考察站房屋怎样抵御狂风? ……………………… (72)
103.南极考察站房屋怎样防止被大雪埋住? ……………… (73)
104.南极考察站用什么办法对付站区积雪? ……………… (73)
105.南极考察站是如何取暖的? …………………………… (74)
106.中国南极考察站内的宿舍有哪些设备? ……………… (75)
107.中国南极考察站有哪些生活设施? …………………… (75)
108.中国南极考察队员穿什么? …………………………… (76)
109.南极考察站用自来水吗? ……………………………… (77)
110.在中国南极考察站里怎样洗澡? ……………………… (78)
111.南极考察站的用电是哪里来的? ……………………… (78)
112.南极考察站的污水是怎样处理的? …………………… (79)
113.南极考察站的垃圾是如何处理的? …………………… (79)
114.南极考察队员在南极生病了怎么办? ………………… (80)
115.南极有哪些交通工具? ………………………………… (80)
116.在南极使用哪些通讯设备? …………………………… (82)
117.南极有什么特有的节日? ……………………………… (83)
118.你听说过南极考察站的火灾吗? ……………………… (84)
119.南极建筑本身怎样防火? ……………………………… (85)
120.在南极怎样收听新闻广播? …………………………… (86)
121.在南极怎样与家人联系? ……………………………… (86)
122.从南极回来的人为什么易患病? ……………………… (87)
123.在南极为什么不允许饲养动物? ……………………… (88)
124.怎样在南极的海冰上钓鱼? …………………………… (89)
125.你听说过冰上足球赛吗? ……………………………… (90)
126.南极考察队员能够经常看到企鹅吗? ………………… (91)

5

127. 你有南极纪念封吗? ……………………………… (91)
128. 南极考察队员有哪些娱乐和体育活动? ………… (92)
129. 考察船经过赤道要举行什么活动? ……………… (92)
130. 中国南极考察队员可以离站外出吗? …………… (93)

四、南极生物奇趣

131. 南极生物为什么不怕冷? ………………………… (96)
132. 南极冰雪中有没有生物? ………………………… (97)
133. 南极有开花植物吗? ……………………………… (98)
134. 南极有几种企鹅? ………………………………… (98)
135. 南极有多少只企鹅? ……………………………… (99)
136. 南极企鹅有什么共同特征? ……………………… (99)
137. 南极企鹅有什么生活习性? ……………………… (100)
138. 企鹅也有脾气吗? ………………………………… (101)
139. 世界上最大的企鹅是哪一种? …………………… (102)
140. 阿德雷企鹅是怎样得名的? ……………………… (102)
141. 金图企鹅有什么特点? …………………………… (103)
142. 为什么帽带企鹅又被称为警官企鹅? …………… (103)
143. 喜石企鹅真的喜欢石头吗? ……………………… (104)
144. 哪一种企鹅长得最漂亮? ………………………… (104)
145. 企鹅为什么不怕冷? ……………………………… (104)
146. 企鹅如何"换装"? ……………………………… (106)
147. 企鹅是怎样孵蛋的? ……………………………… (106)
148. 你知道企鹅也有幼儿园吗? ……………………… (108)
149. 企鹅能游多快? …………………………………… (109)
150. 企鹅的天敌有哪些? ……………………………… (110)

151. 你听说过南极的空中强盗吗？ …………………… (111)
152. 南极的海豹有几种？ ………………………………… (112)
153. 南极海豹的游泳本领如何？ ……………………… (112)
154. 南极海豹为什么善于潜水？ ……………………… (113)
155. 哪种海豹是世界上数量最多的一种？ ………… (114)
156. 象海豹因为什么而得名？ ………………………… (115)
157. 豹形海豹长得像豹子吗？ ………………………… (115)
158. 威德尔海豹有什么特点？ ………………………… (116)
159. 人们为什么对罗斯海豹知之甚少？ …………… (117)
160. 南极海狮长得像狮子吗？ ………………………… (117)
161. 为什么要制定《保护南极海豹公约》？ …… (117)
162. 海豹是否实行一夫一妻制？ ……………………… (118)
163. 能够人工饲养南极海豹吗？ ……………………… (119)
164. 我国是否饲养过南极海豹？ ……………………… (120)
165. 南极海豹怎样养育后代？ ………………………… (120)
166. 南极磷虾长得什么样？ …………………………… (120)
167. 南极磷虾有多少？ ………………………………… (122)
168. 为什么说南极磷虾是人类的蛋白质资源宝库？
  ………………………………………………………… (122)
169. 南极磷虾有什么奇特的习性？ …………………… (123)
170. 南极磷虾是"群居动物"吗？ …………………… (124)
171. 南极磷虾为什么只分布在南极周围海域？ …… (124)
172. 南极磷虾是怎样繁殖的？ ………………………… (124)
173. 怎样捕捞南极磷虾？ ……………………………… (126)
174. 如何在南大洋寻找磷虾群？ ……………………… (126)
175. 你知道南极磷虾的营养含量有多高吗？ ……… (127)
176. 南极有多少种鲸？ ………………………………… (128)
177. 南极的鲸怎样过冬？ ……………………………… (128)
178. 你听说过南大洋的人鲸血战吗？ ……………… (129)

179. 南大洋最凶猛的动物是什么？ ……………………………… (130)
180. 鲸是怎样捕食磷虾的？ …………………………………… (131)
181. 南极有多少种海鸟？ ……………………………………… (132)
182. 南极海鸟数量有多少？ …………………………………… (132)
183. 南极最大和最小的海鸟是哪一种？ ……………………… (133)
184. 南极海燕怎样自卫？ ……………………………………… (134)
185. 南极飞鸟是怎样迁徙的？ ………………………………… (134)
186. 南极飞鸟怎样筑巢？ ……………………………………… (135)
187. 南极飞鸟是怎样保持体温的？ …………………………… (135)
188. 南极海鱼为什么不怕冻？ ………………………………… (136)
189. 科学家为什么要研究南极鱼的抗冻之谜？ ……………… (137)
190. 南极周围海底也有生物吗？ ……………………………… (137)
191. 南极大陆的冰雪中有生物吗？ …………………………… (138)
192. 南极海冰中间有什么生物？ ……………………………… (139)
193. 南极海冰中的冰藻是如何生存的？ ……………………… (140)
194. 南极海冰下表面是什么颜色？ …………………………… (140)
195. 为什么说冰藻是南大洋生物链中重要的一环？
　　…………………………………………………………… (141)
196. 冰藻为什么不怕紫外线？ ………………………………… (142)
197. 南极的陆生动物有哪些？ ………………………………… (142)
198. 南极湖泊中生长的生物有哪些？ ………………………… (143)

五、揭开奥秘的考察

199. 是谁发现了南极？ ………………………………………… (146)
200. 最早去南极探险的是哪些国家的探险家？ ……………… (147)
201. 第一个到达南极点的人是谁？ …………………………… (147)

202. 最伟大的南极探险家是谁? …………………… (149)
203. 为什么会发生斯科特的悲剧? ………………… (152)
204. 人们为什么要进行南极考察? ………………… (152)
205. 各国对南极考察的投入是多少? ……………… (153)
206. 中国南极长城站气象条件如何? ……………… (154)
207. 中国南极中山站气象条件如何? ……………… (154)
208. 南极考察站的物资是怎样运输的? …………… (155)
209. 小艇卸货时最常见的困难是什么? …………… (156)
210. 小艇运货被浮冰围困时间最长的是哪一次? … (156)
211. 南极人怎样确定自己的位置? ………………… (159)
212. 南极考察站有哪些类型? ……………………… (160)
213. 南极常年科学考察站是什么样子? …………… (161)
214. 南极夏季科学考察站是什么样子? …………… (161)
215. 南极无人自动观测站是什么样子? …………… (162)
216. 什么是南极避难所? …………………………… (162)
217. "中国人应该去南极"是谁最先提出的? ……… (163)
218. 我国南极考察始于何时? ……………………… (164)
219. 中国首次南极考察队的任务是什么? ………… (165)
220. 中国首次南极考察遇到了什么危险? ………… (166)
221. 中国南极长城站为什么选在乔治王岛? ……… (167)
222. 中国南极中山站为什么选在拉斯曼丘陵? …… (168)
223. 中国首次东南极考察队遇到了什么危险? …… (169)
224. 中国第六次南极考察野外工作遇到什么危险情况?
 ………………………………………………… (171)
225. 中国第七次南极考察队遇到什么危险? ……… (172)
226. 中国南极长城站距北京有多远? ……………… (172)
227. 中国南极长城站有哪些建筑? ………………… (173)
228. 中国南极长城站有哪些生活设施? …………… (174)
229. 中国南极长城站开展哪些科考活动? ………… (175)

230. 中国南极中山站距北京有多远? ……………… (176)
231. 中国南极中山站有哪些建筑和生活设施? …… (176)
232. 中国南极中山站开展哪些科学考察活动? …… (177)
233. 飞机何时开始出现在南极的上空? ……………… (177)
234. 谁第一个驾驶飞机飞达南极点? ………………… (179)
235. 南极第一次大规模飞行在何时? ………………… (180)
236. 南极也有空难吗? ………………………………… (180)
237. 国际南极考察的主要课题是哪些? ……………… (181)
238. 国际南极考察的主要手段是什么? ……………… (182)
239. 南极环境对人体生理有哪些影响? ……………… (183)
240. 在南极,考察队员心理有什么变化? …………… (184)
241. 我国有多少人到过南极? ………………………… (184)
242. 破冰船是什么样的? ……………………………… (185)
243. 破冰船是如何工作的? …………………………… (186)
244. 我国有多少船舶到过南极? ……………………… (186)
245. 我国已经组织了多少次南极考察? ……………… (187)
246. 我国南极考察队员怎样去南极? ………………… (187)
247. "雪龙"号是一种什么性能的船? ………………… (188)
248. "雪龙"号船拥有哪些先进设施? ………………… (189)
249. 我国南极考察由哪个单位进行组织协调? ……… (189)
250. 首次徒步横穿南极大陆的中国科学家是谁? …… (190)
251. 南极点有哪些建筑和设施? ……………………… (191)
252. 南极第一城在哪里? ……………………………… (192)
253. 俄罗斯南极考察站有什么特点? ………………… (193)
254. 南极最高的考察站是哪一个? …………………… (194)
255. 日本的昭和站是什么样的? ……………………… (195)
256. 英国的南极考察站主要进行哪些研究工作? …… (196)
257. 南极最小的常年考察站是哪一个? ……………… (197)
258. 南极的考察站为何多建在沿岸? ………………… (197)

259. 南极考察站的选址有什么原则? ……………… (198)
260. 南极内陆考察站的用水是怎样解决的? ………… (199)
261. 南极考察站为什么还要配备冰箱? ……………… (199)
262. 中国南极考察队员如何保护南极环境? ………… (200)
263. 最先进入南极圈的人是谁? ……………………… (200)
264. 第一个到达南磁极的人是谁? …………………… (200)
265. 最先横穿南极大陆的探险队是哪一个? ………… (201)
266. 我国南极考察站也有气象预报吗? ……………… (201)
267. 我国南极考察船怎样进行气象预报? …………… (202)
268. 中国南极考察训练基地在哪里? ………………… (202)
269. 中国南极考察训练基地有哪些设施? …………… (203)
270. 中国南极考察队员怎样进行冬季训练? ………… (203)
271. 外国南极考察队员如何进行野外生存训练? …… (204)
272. 你知道中国的极地科普馆吗? …………………… (204)
273. 第一个到达南极点的中国人是谁? ……………… (205)
274. 谁是第一个到南极的中国女性? ………………… (205)
275. 到达南极洲的第一位中国记者是谁? …………… (206)
276. 第一批登上南极大陆的中国科学家是谁? ……… (206)
277. 第一批到达南极洲的中国少年是谁? …………… (206)
278. 谁是横穿南、北极的环球探险第一人? ………… (207)
279. 中国是否开展南极内陆冰盖考察? ……………… (208)
280. 为什么要在南极冰盖上钻取冰芯? ……………… (209)

六、北极世界探索

281. 什么是北极和北极地区? ………………………… (211)
282. 北冰洋是世界上最小的洋吗? …………………… (211)

283. 北极有哪些岛屿？ …………………………………（212）
284. 北极为什么非常寒冷？ ……………………………（213）
285. 北极也有极光吗？ …………………………………（213）
286. 北极的海冰和南极的冰盖是一回事吗？ …………（214）
287. 北极植物与南极植物有什么区别？ ………………（215）
288. 北冰洋有哪些哺乳动物和经济鱼类？ ……………（216）
289. 什么是北极的"东北航线"和"西北航线"？ ………（217）
290. 第一个横跨北冰洋的探险队是哪一支？ …………（218）
291. 最北的陆地在哪里？ ………………………………（218）
292. 北冰洋有哪些矿藏？ ………………………………（219）
293. 北极地区的土著居民是谁？ ………………………（219）
294. 北极地区的植物有什么特点？ ……………………（220）
295. 中国参加了哪些北极科学组织？ …………………（221）
296. 我国为什么要进行北极科学考察？ ………………（221）
297. 你知道我国北极考察的历史吗？ …………………（222）
298. 北极也像南极一样有许多科学考察站吗？ ………（223）
299. 我国在北极也有科学考察站吗？ …………………（224）
300. 中国首次北极科考进行了哪些项目？ ……………（225）
301. 中国首次北极科考遇到北极熊了吗？ ……………（226）
302. 中国在北冰洋的岛屿上有什么权益？ ……………（227）
303. 世界最北的城市是哪一个？ ………………………（227）
304. 白令海是怎么得名的？ ……………………………（228）
305. 著名的北极探险家巴伦支怎样献身北极？ ………（228）
306. 北极探险家富兰克林如何神秘失踪？ ……………（229）
307. 第一个到达北极点的探险家是谁？ ………………（231）
308. 有没有人独自到达北极点？ ………………………（232）
309. 滑雪到达北极点的是哪一支探险队？ ……………（233）
310. 潜艇能否从冰下到达北极点？ ……………………（233）
311. 北冰洋的食物链有什么特点？ ……………………（234）

312. 北极熊有什么生活习性? ……………………………(235)
313. 北极熊会主动袭击人吗? …………………………(236)
314. 人们为什么猎杀北极熊? …………………………(236)
315. 北极熊分布在什么范围? …………………………(237)
316. 北极熊吃什么? ……………………………………(237)
317. 为什么说北极熊是游泳健将? ……………………(238)
318. 旅鼠为什么进行"死亡之旅"? …………………(239)
319. 为什么北极兔被称为"雪鞋兔"? ………………(240)
320. 北极有没有狼? ……………………………………(240)
321. 北极驯鹿为什么被称为"雪路先锋"? …………(241)
322. 鸟类的飞行冠军是谁? ……………………………(242)
323. 海象的长牙是干什么用的? ………………………(243)
324. 北极海豹有哪些习性? ……………………………(244)
325. 北极海豹怎样繁殖后代? …………………………(244)
326. 爱斯基摩人怎样捕捉海豹? ………………………(245)
327. 北极最重要的经济鱼类是哪一种? ………………(245)

编后记 ……………………………………………………(247)
《海洋小百科全书》分类目录 ……………………………(248)

极地科考

挑战人类的环境

1. 南极在哪里？

南极在哪里？这好像是一个非常简单的问题，可是真正能够准确回答这个问题的人却不多。从字面上看，南极就是地球的最南端，但实际却并不是这样。"南极"这个词有多种近似含义，如南极洲、南极点、南极大陆、南极地区、南极圈等。那么，到底哪里才是南极呢？按照国际上通行的概念，一般把南纬60度以南的地区称为南极，它是对南大洋及其岛屿和南极大陆的总称，总面积约6500万平方千米。

南大洋地形图

2. 极圈在哪里？

同学们在学习地理知识的时候，从地球仪和地图上都可以发现，在地球表面，人为地划分有许多的经线和纬线，其中比较重要的有赤道、本初子午线(零度经线)、北回归线、南回归线、北极圈、南极圈等。我们称北纬66度33分的纬线为北极圈,南纬66度33分的纬线为南极圈。在极圈内会有极昼和极

漂亮的南极企鹅

夜现象,同时,极圈也是划分温带与寒带的界限。

3. 南极洲有多大?

南极洲包括南极大陆及其周围岛屿,总面积约1400万平方千米,其中大陆面积为1239万平方千米,岛屿面积约7.6万平方千米,海岸线长达2.47万千米。南极洲另有约158.2万平方千米的冰架。南极洲的面积占地球陆地总面积的十分之一,是中国面积的1.5倍。

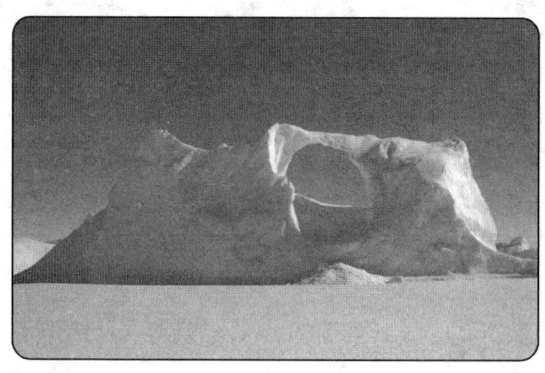

南极冰山奇观

4. 南极大陆是什么概念?

南极大陆是指南极洲除周围岛屿以外的陆地,是世界上发现最晚的大陆,它孤独地位于地球的最南端。南极大陆95%以上的面积被厚度惊人的冰雪覆盖,素有"白色大陆"之称。在全球六块大陆中,南极大陆仅大于澳大利亚大陆,排名第五。此外,南极大陆还是世界上唯一被海洋包围的大陆,四周有太平洋、大西洋、印度洋,它们形成一个围绕地球的巨大水圈,使南极大陆处于完全被封闭状态,所以,南极大陆也是一块远离其他大陆、与文明世界完全隔绝的大陆,至今仍然没有常住居民,只有少量的科学考察人员轮流在为数不多的考察站居住和工作。

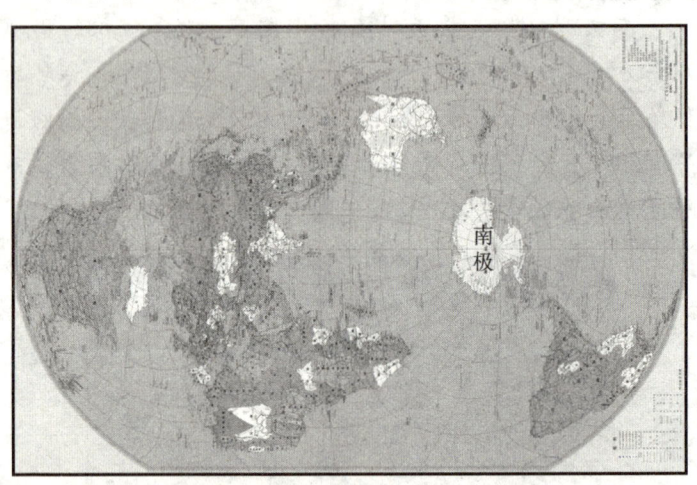

南极在地球上的位置

5. 南极属于哪个国家?

从19世纪20年代起,到20世纪40年代,各国探险

家相继发现了南极大陆的不同区域,从而为本国政府对南极提出主权要求提供了依据。于是,就有英国、新西兰、澳大利亚、法国、挪威、智利、阿根廷7个国家的政府先后对南极洲的部分地区正式提出主权要求,使这块万年冰封的平静的大地笼罩上国际纠纷的阴影。

根据1961年6月通过的《南极条约》,冻结了以上7国对南极的领土主权要求,规定南极只用于和平目的,也就是说,南极现在不属于任何一个国家,她属于全人类。

6. 为什么说南极大陆是最难接近的大陆?

我们都知道,去南极是十分不容易的,因为南极大陆是最难接近的大陆。与南极大陆最接近的大陆是南美洲,它们之间隔着970千米宽的德雷克海峡。南极大陆与其他大陆不仅相距遥远,而且周围还被数千米乃至数百千米的冰架和浮冰所环绕,冬天时浮冰的面积可达1900万平方千米;即使在南极的夏天,其浮冰面积也有260万平方千米;另外,南极大陆周围海洋中漂浮着的数以万计的巨大的冰山,也给海上航行造成了极大的困难和危险。幸亏有了现代化的破冰船和各种先进的航海设备以及各种先进的观测手段,人们才能进入南极,否则,类似泰坦尼克号船的悲剧就会在南极海域重演。

7. 为什么说南极大陆是地球上最高的大陆?

大家知道,亚洲大陆拥有世界的最高峰珠穆朗玛峰,那么,这能不能说亚洲大陆就是地球上海拔最高的大陆了呢?你要是这样想,那可就会闹笑话了,地球上最高的大陆不是拥有青藏高原的亚洲大陆,而是南极大陆。这是为什么呢？原来,地球上其他几个大陆的平均海拔高程为：亚洲950米,北美洲700米,南美洲600米,非洲560米,欧洲最低,只有300米,大洋洲的平均高度还不甚清楚,估计也不过几百米。然而,南极大陆,就其自然表面来说,其平均海拔高程为2350米,比其他几个大陆中最高的亚洲还要高得多。南极大陆之所以平均海拔高,主要是因为它上面覆盖着厚度巨大的冰层所致。如果把覆盖在南极大陆上的冰盖剥离,它的平均高度仅410米,比整个地球上陆地的平均高度还要低得多。

活跃在南极冰盖上的企鹅

8. 在地球表面什么地方最冷?

什么地方最冷？南方的朋友会说北方冷,因为那里冬季白雪飘飘,而北方的朋友却说北极最冷,因为只有耐寒的因纽特人(爱斯基摩人)和北极熊等在那里生存。对

这些答案,你认为哪个正确呢?其实,地球上最冷的地方是南极。这是为什么呢?这是因为南极大陆不仅海拔高,空气稀薄,而且由于冰雪表面对太阳能量的反射等因素,使得南极大陆成为世界上最为寒冷的地区,其平均气温比北极要低20℃。南极大陆的年平均气温为零下25℃。南极沿海地区的年平均温度为零下17℃～20℃,南极内陆地区的年平均温度则是零下40℃～50℃,而东南极高原地区最为寒冷,年平均气温最低达零下57℃。到现在为止,地球上所观测到的最低气温为零下89.6℃,这是1983年7月在新西兰的万达站记录到的,在这样的低温下,普通的钢铁会变得像玻璃一般脆;如果把一杯开水泼向空中,你猜会怎么样,落下来的竟然是一片冰晶。

9. 南极为什么那么冷?

南极的寒冷首先是与它所处的高纬度地理位置有关,这导致了它在一年中漫长的极夜期间没有太阳光。同时,与太阳光线入射角有关,纬度越高,阳光的入射角越

阿德雷企鹅

大,单位面积所吸收的太阳热能越少。南极位于地球上纬度最高的地区,太阳的入射角最小,阳光只能斜射到地表,而斜射的阳光热量又最低。再者,覆盖南极大陆地表95%的白色冰雪,将太阳热能的80%～84%反射回太空,只有不足20%的太阳能到达地面,而这点可怜的热量还有大部分不能被全部吸收。而南极的高海拔和相对稀薄的空气又使得热量不容易保存,所有这些都使南极变得异常寒冷。

10. 南极为什么被称为地球的风极?

恐怕很少有人经历过12级的大风,一般来讲,只有在大洋上的热带风暴(台风)才可以达到12级。但是在南极,12级以上的风暴却是家常便饭。南极大陆是风暴最频繁、风力最大的大陆,风速在每小时100千米以上的大风在南极是经常可以遇到的。南极大陆沿海地带的风力最大,平均风速为每秒17米～18米,其东南极大陆沿海一带风力最强,风速可达每秒40米～50米。在法国的迪尔维尔站曾测到每秒100米的大风,相当于12级台风风速的3倍,它的破坏力相当于12级台风的10倍。这是迄今为止世界上记录到的风速最大的风。因此,南极又被称之为"风极"。

11. 南极的风为什么能杀人?

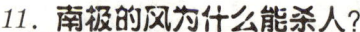

春风送暖,大地万物复苏,微风拂面,令人心旷神怡。这些美好动人的词汇常给人一种赏心悦目的愉快感觉。如果有人说"风"是杀人犯,也许你会感到吃惊吧。可是,实际上却真有此事。哪里的风这样厉害呢?告诉你吧,这就是南极风,南极风能杀人!因为在南极除了严寒以外,科学考察人员在南极所遇到的另外一个凶恶的敌人就是这里的狂风。狂风会很快带走人体的热量,使人发生冻伤甚至冻死事故。极夜的风暴,其速度有时超过每秒40米,比12级台风还凌厉得多。此时如果有人身处野外,便会有生命危险。这绝不是危言耸听,因为在1960

帝企鹅

年10月10日下午,在南极日本昭和站进行科学考察的福岛博士,走出基地食堂去喂狗,突遇每秒35米的暴风雪,从此再没有回来。直到1967年2月9日,他的保存完好的尸体才在距站区4.2千米处出现!这足以说明南极风是能杀人的。

12. 南极有雾吗?

在南极,雾是由北方来的热气团形成的。南极雾最经常出现的地点和时间是在浮冰边缘区的春夏季节,海雾常常伴随着降雨或降雪。在开阔的海洋上雾稍多些,在沿岸区则较少有雾,总的来说,在漂浮冰边缘区和南极辐合区,由于那里南极的冷水与亚热带的暖水交汇,所以,雾的出现率较高,延续时间也较长。

13. 南极是否也下雨?

下雨是大家非常熟悉的自然现象,如果我告诉大家,在地球上有一大片区域从不下雨,你一定会感到十分惊讶,这个地方就是南极。虽然,在南极相对暖和的季节,在南极半岛及周围岛屿有时会有少量真正的雨。但在南极的绝大部分地区,降水的形式是下雪,从没下过真正的雨。

14. 为什么说南极是"白色荒漠"?

虽然南极是冰雪的宝库,但是单从降水量来看,南极大陆却是最干燥的大陆。南极大陆的空气异常干燥,沿海地区的年平均降水量只有30毫米~50毫米,不到我国沿海地区降水量的5%。南极内陆地区的年降水量甚至

海豹母子

还不到5毫米,南极点的年平均降水量仅3毫米,与非洲

的撒哈拉大沙漠差不多。

另一方面,南极大陆又是最荒凉的大陆,是唯一没有任何树木的大陆,除了在南极半岛最北端可以看到3种开花的小草之外,其他地方根本看不到绿的颜色,只有在沿岸地区有少量的苔藓和地衣等低等植物;南极大陆没有陆生的脊椎动物,为数极少的蚊虫、蜘蛛则算是陆生动物中的庞然大物了。由于南极大陆降水量很小、满目荒凉和动、植物种类稀少等原因,有人干脆把南极大陆称为"白色的沙漠"。

15. 南极大陆被冰覆盖的面积有多大?

南极大陆面积是1400万平方千米,其中95%的面积被冰覆盖,同学们不难计算出来,南极大陆被冰覆盖的面积大约有1330万平方千米,这个大冰盖就像一顶巨大无比的帽子,把南极大陆大部分地方捂得严严实实,由于它的存在,竟然把南极大陆的地壳压得凹陷下去,以至于许多地方被压得低于海平面。假如南极冰盖一旦融化,西南极大陆就会变成汪洋大海中的一些岛屿。

16. 南极有多少冰?

你能想象得出吗?南极大陆95%以上的面积为巨厚的冰川所覆盖,只有在南极大陆边缘区域有季节性的岩石出露,其余的绝大部分地区都常年覆盖冰雪。冰的平均厚度为2000米左右,最厚的地方达4800米,形成了一个巨大的冰盖,冰雪总体积为2800万立方千米。这些冰是由很纯的淡水组成的,所包含的淡水约占全世界淡水总量的72%,就其体积来说,约占全世界总冰量的

90％以上，构成了地球上最大的淡水宝库。如果这些冰完全消融，全球平均海平面将升高55米～60米，这对人类的生存将会构成严重的威胁。

奇异的南极冰山

17. 南极冰盖的冰是从哪里来的？

我们前面提到，南极大陆年降水量只有几毫米到几十毫米，却储存了世界上一半以上的淡水，这是为什么呢？原来，南极的降水量虽然很小，但是，由于终年寒冷，蒸发量极小，所有的雪几乎全部被积存下来，原先的雪被压实，并发生重新结晶等物理变化，形成了"冰川冰"，经过几万年到几十万年不断地积累，终于形成了现在我们看到的如此壮丽的冰盖景观。

18. 南极大陆的冰为什么是流动的？

冰是固体，怎么还会流动呢？事实上，地球上所有的冰川都是流动的冰。

这是因为由于南极冰盖本身的巨大压力，使得冰层缓慢地从中心高原向四周运动，其速度一般为每年几米

到几十米,冰盖的厚度从中心高原向沿海地带逐渐变薄。像这样的运动速度,大陆中心的一块冰雪要经过多少年才能流进大海呢?如果读者有兴趣的话,不妨计算一下。南极大陆的冰岸也以每年200米的平均速度向大洋方向移动,冰川的边缘经常断裂,其结果形成了冰山。同时,也导致岸线经常在相当长的距离上后退数十千米。

此外,大陆基岩地形对冰的形态和运动也有很大影响。缓慢流动的冰层遇到高大山岭阻挡,就流入山谷之中,冰在山间谷地中形成流动较快的冰河,这就是山地冰川。南极大陆巨大的冰川在本身的重力和压力的联合作用下,加上极地终年不息的狂风的推动和冰融水的润滑,就夜以继日地发生流动。尽管一朝一夕不容易察觉它的变迁,然而在历史的长河中,它却是一股改变南极面貌的巨大力量。

19. 南极冰盖表面是非常平的吗?

住在北方的读者经常可以在冬天看到水面结冰,有些人还非常喜欢在光滑如镜的冰面上滑冰,但是南极的冰盖表面与我们通常所看到的冰面却完全不同。南极冰盖表面是薄厚不一的积雪或吹雪,雪层下面是厚厚的冰。由

南极冰裂缝

于风力的作用,雪层的表面依照风向形成不太规则的条带状的雪垅,而且由于冰川的流动,下面的冰层会形成巨大的冰裂缝,有些冰裂缝深不见底,深度可达几百米呢。

20. 南极冰盖上的冰裂缝是怎么形成的?

南极冰缝内部考察

南极冰盖的冰在重力作用下由高向低运动,也就是通常所说的冰川流动,当遇到底面凹凸不平时会使流动的速度产生差异。在底面凸起时,冰盖表层的冰运动速度比下面的冰要快一些,于是形成了冰裂缝。因此,我们知道,冰裂缝的出现是有规律的,而且经常成组出现,对南极冰盖考察人员和装备构成了严重的威胁。

21. 南极冰盖上的冰裂缝为什么是冰盖考察的巨大威胁?

没有哪一个国家的南极冰盖考察队会忽视冰裂缝,即便如此,在冰裂缝地区发生危险的事例还是经常发生,人员和车辆掉下冰裂缝,造成车辆和人员的损失的事还是时有发生。南极冰盖上的冰裂缝经常宽达几米,深不可测,用肉眼可以很清楚地看出来的只需绕道行走就行了,可是许多冰裂缝上面覆盖着厚薄不一的积雪,同正常的雪面几乎没有差别,用肉眼很难看出来,而当人或车辆行进到它上面时,积雪崩塌,人员或车辆就会掉落下去。

当上面的积雪较厚时,甚至会出现前面的车辆可以安全通过,而后面的车辆掉下冰裂缝的情况,这就更加危险了。

22. 冰盖考察队是怎样应付冰裂缝威胁的?

为对付南极冰盖冰裂缝的威胁,各国南极冰盖考察队一般在出发前就开始慎重选择路线,尽量避开冰裂缝多发区。在冰盖上严格按照前面车辆的印迹行进。一般将几辆雪地车用钢缆连接起来,结组行进,即便发生掉落冰裂缝情况,人员和车辆也可及时被拉住,方便救援。人员行进也按照以上方法,结组而行。我国和其他国家的南极考察队员在赴南极之前都要进行有关冰裂缝行进和救援的训练。

23. 南极冰为什么会"唱歌"?

如果你有幸得到一小块南极冰,把它放进一杯水中,还会出现非常奇妙的现象:冰块在融化的同时,会发出轻微的但是人耳能够听得见的美妙声响,冰块也会在水面微微移动,甚至会轻轻碰撞杯子的边缘,好像芭蕾舞演员伴随着动听的音乐在翩翩起舞一样。这是为什么呢?

原来,这一切都是由

南极冰山叠层

南极冰中含有的气体造成的。南极巨大的冰盖都是由上万年的冰雪积累而成的,降落在南极的雪花经过压实,变成冰川冰,而原来雪花中的气体也被保存在冰中,由于上面不断的积累,气泡在巨大的压力下变成了高压的气体。当冰块融化时,高压的气泡破裂,发出了美妙动听的音乐声,同时会推动体积较小的冰块移动,碰撞水杯,甚至会发出轻微的撞击声。

24. 冰架是什么?

规模巨大的冰架可是南极特有的景观了。在南极大陆周围,越接近大陆的边缘,冰层变得越薄,并伸向海洋,在海洋里,海冰浮在水面上,形成了宽广的冰架。这就是说,冰架是南极冰盖向海洋中的延伸部分,这些冰架的平均厚度为475米,最大的冰架是罗斯冰架、菲尔希纳冰架、龙尼冰架和亚美利冰架。加上这些冰架,南极大陆面积可增加150万平方千米。冰架能以每年2500米的速度移向海洋,在它的边缘上,断裂的冰架渐渐漂移到海洋中,形成巨大的冰山。

25. 南极海冰有什么特点?

在南极的冬季,严寒的气候使南极周围海面结冰,海冰完全封住了整个大陆,并且可向北伸展到南纬55度。一般在每年的9月份,海冰的面积达到最大值,被海冰覆盖的海洋面积达2000万平方千米,这一面积比南极大陆本身面积还要大。每年夏天,一般是在2月底,海冰的范围达到最小值,85%的海冰漂流到不冻海域融化掉,甚至在许多地方,海冰一直融化到海岸,船舶可以直接航行到岸边。南极海冰每天最多可流动65千米。

26. 南极的海上冰山是什么样子？

南极的冰山是非常吸引人的景观,而平台状(桌状)冰山又是南极所特有的,从远处望去,洁白的冰体、壮美的身姿,常常给人们留下永生难忘的记忆。从大陆冰床和冰架上断裂而成的冰山非常多,并且比北极的冰山要大得多,面积大的有时可达数十平方千米,个别的可长达

南极平台状冰山

近200千米。从冰架或冰川边缘断裂下来不久的冰山通常是平台状冰山,它们的顶部非常平坦,甚至可以作为轻型飞机的机场。它们常常高于水面几十米,而水面以下可达200米～300米。随着不断的消融,冰山会进一步地分裂、翻转、坍塌,在海流海浪的作用下,会形成各种形状的小型冰山。南极冰山在海流和风的推动下,会以每天10千米～20千米的速度移动。

27. 冰山为什么会对现代化的考察船构成威胁？

同学们也许知道20世纪初，"泰坦尼克"号豪华游轮在北大西洋因撞上冰山而最终沉没的惨剧，也许你会说那是因为科学技术不发达，没有雷达等现代化航行保障设备的缘故，在现今，不会出现那样的惨剧了。这话说对了一部分，一般海上航行的确不太可能发生撞上冰山的事故，但在南极，情况就有所不同了。在南极沿岸分布的冰山中，有的是从冰川口的"冰舌"上刚分裂下来的"新生冰山"，这些冰山的重心很不稳定，容易发生翻滚和倒塌。在夏季，气温升高，冰山消融变酥，也会使其发生塌落或崩裂，在2月底这一现象更为多见。

在中国南极中山站沿岸的冰山群附近，就经常会看到冰山的塌落和听到冰山崩裂的响声，巨大的冰体从50米～60米高的冰山上塌落入海，可掀起3米～5米高的涌浪，对附近活动的船舶具有较大的威胁。1998年2月，中国南极中山站附近一个体积巨大的冰山发生翻转，距离它几千米的2万吨级的中国"雪龙"号船竟然左右摇摆到十几度。

有的"金字塔"形或尖顶形冰山，它的水下部分伸出巨大的底盘，有的甚至从远处看上去像两座冰山，而实际上是连在同一个底盘上，这类冰山水下的伸出部分就像暗礁一样，给距离较近的船舶带来极大的威胁。所以，即使拥有现代化的航行保障手段和坚固的破冰船，不论在远海还是在近岸，冰山仍然是南极海域航行与作业的重要障碍之一。

28. 南极海冰有多厚？

由于纬度和季节的不同，海冰的厚度从几十厘米到2米以上不等，通常纬度高的地方、离岸边近的地方、海湾内部的海冰较厚，反之则薄。由于海冰的存在，一般只有破冰船才敢在南极周围水域航行。南极海冰虽然给航行带来了巨大的困难，同时沿岸结实的海冰也给近岸的考察站的物资补给提供了方便：输油时从船到考察站之间的海冰上架设输油管，比起等海冰融化后用小艇卸油又快又省事；将物资用吊车放到冰面上，用履带式雪地车可以直接拖到考察站，甚至有些大型车辆可以从海冰上直接开到岸上。看来，有时对看似不好的事物加以利用和转化，反而能够达到意想不到的结果。

29. 南极冰山是怎样漂移的？

南极冰山有时会在水深较浅的海域搁浅，在南极的冬季，海冰也会将大量的冰山冻结住，在这样的情况下，冰山是不移动的。

由于受到水文气象要素的综合影响，冰山运动相当复杂，当冰山海面高度为数十米，吃水深度达500米时，它们的漂移速度，甚至于在漂移方向上都与海冰不同。

南极冰山

一些单独的冰山由于它们的体积和形状不同，即使在同一海区,也会使它们的漂移方向和漂移速度各不相同。在南极沿岸流区域,冰山漂移的平均速度约为每小时500米。在南极环极流区域的漂移速度略高一些。冰山运动速度可能超过海冰运动速度,其原因是冰山高度大,风对冰山运动会产生较大的影响。同样原因,冰山的漂移速度可根据风力大小和合成风速与表层水和冰块总运动方向的相对位置,一般速度不超过每小时2千米。无风条件下,冰山运动通常比冰块和表层水的运动要慢。

当风向变换或者存在水下逆向海流时,漂浮冰山还会做与海冰漂移相反方向的运动,这种现象在南极区并不少见。

30. 冰山水下部分有多大?

通常我们在形容某个事物的一小部分有多大时,常常用"冰山的一角"来比喻,可见,大家都知道,冰山的水面以上部分只占其全部体积的很少部分,但具体的比例你能说出来吗?在这里我可以告诉同学们,冰山水上部分的体积大约只有总体积的六分之一。南极冰山水上部分与水下部分的高度之比变化很大,这取决于冰山的形状,例如,对于桌状冰山,这个比例大约是1:5。冰山宽度与长度的平均比大约是3:5。

31. 最大的冰山有多大?

南极和北极的冰山有时非常巨大,远远超出人们的想象。从南极洲冰川末端和冰架滑落的冰山数量最多,规模最大,还多呈桌面状。1956年11月12日,美国破冰船"冰川"号,在南太平洋斯科特岛以西240千米附近,发

现一座冰山,长335千米,宽97千米,面积达3.1万平方千米,相当于比利时一个国家的面积,是世界大洋上发现

南极海面冰山

的最大冰山。1958年冬天,美国破冰船"东方"号,在格陵兰以西的大西洋洋面,发现一个面积360平方千米的冰山,高出海面167米,它是至今发现的最高的冰山。

32. 中纬度地区也会有冰山吗?

　　冰山不只出现在地球南北两极的高纬度海域,也会出现在中纬度海域。一般来讲,两极地区洋面上的冰山,由高纬度地区向中纬度地区漂浮有一定的限度。北极地区海域的冰山,由格陵兰向南平均每年只有375座能漂过纽芬兰或北纬48度,也有个别能漂浮相当远的。1935年4月,美国海军气象巡逻舰曾在大西洋北纬28度44分,西经48度42分附近见到冰山,这是迄今发现的向南漂浮最远的冰山。南极地区海域的冰山多分布于南纬60

度以南。1894年4月30日,在大西洋多格滩上的斯密斯海丘附近海面(南纬26度30分,西经25度40分)发现的冰山,则是南极冰山向北漂浮最远的记录。

33. 南极冰山能被人类利用吗?

世界上一些水资源不足的国家,特别是西亚和非洲一些干旱的国家,以及澳大利亚、智利、巴西等南半球国家,都在研究开发利用南极冰山的可能性与技术方法问题。1973年,威克斯和坎贝尔两人探讨了运输冰山到世界缺水地区的设想。1977年,第一届国际冰山利用会议在美国召开,从而使将冰山拖往世界干旱地区利用的研究工作受到人们的重视。

南极冰凌

要把南极冰山作为淡水资源开发利用,有几个最关键的技术问题需要解决。第一是冰山的拖运问题,长达10多千米、宽二三千米的冰山,要从南极洲沿海经过强风暴区和大洋拖至非洲或南美洲,要不使冰山随波逐浪或随风漂移,还要使它在拖运过程中不发生断裂和尽量减少融化,这就需要很大马力的拖船才能实现。有的科学家甚至设想,把动力设备和导航仪器直接装在冰山上,驾驶冰山到达目的地。第二是冰山的水下部分很大,一座水面高60米~70米的冰山,它的水下部分常常会有200米以上,这种冰山是无法拖运到缺水国家的近海岸的,因为那儿的大陆架深度一般小于200米。即使能把冰山运到近海岸,如何从冰山上取淡水也是个问题,不然在气温高的非洲和南美国家海岸,冰山会很快融化掉的。

据专家们研究,在千姿百态的南极冰山中,平台状冰山是最适于用"拖"的方式来运输的。虽然,开发南极的淡水资源比开发南极的矿产资源前途乐观,但是,实施拖运冰山计划所付出的投资和代价,又使人们望而生畏。有人对沙特阿拉伯的一个拖运冰山计划进行了预算,其费用需100亿~500亿美元,这样大的投资是难以实现的。由于技术问题和巨额投资的困难,到目前为止,开发南极冰山资源只停留在纸上谈"冰"的阶段,还没有一个国家率先迈出第一步。

34. 世界上最长的冰川是哪个?

世界冰川以分布地区划分,可分为大陆冰川和山岳冰川。大陆冰川多分布于高纬度地区,以巨大面积和巨大厚度作盖层状覆盖,故又称为冰盖,其中一部分也可成为单独的冰川。如东南极洲南纬70度~75度和东经60度~70度之间的大冰川,1956—1957年间由澳大利亚极

地考察家发现,定名兰伯特冰川,冰川宽64千米,与上游的梅洛尔冰川合计长约402千米,与费舍尔冰川的支冰川合并计算,总长514千米。一般认为这是世界最长的冰川。

35. 世界上最大的高原是哪一个?

人们通常认为,巴西高原是世界上最大的高原。它的面积约为500万平方千米,相当于南美洲面积的38%,巴西面积的58%。南极洲绝大部分为极厚的冰层所覆盖,形成一个平均海拔2350米、面积1300万平方千米的冰雪大高原。以面积论,世界上其他任何高原都无法与之相比,所以南极大陆才是真正的最大的高原。但是,由于南极大陆冰天雪地,无人居住,所以一般论述世界高原时,都以巴西高原面积为最大,而把南极高原忽略了。

36. 南极有地震吗?

同学们经常会在报纸和电视的新闻中看到某地发生地震的消息,但是你一定没听说过南极什么时候发生了地震。的确,南极大陆很少发生地震,有记录的几次地震的震级也不大,因此,南极大陆是地球上大型地震活动"不发达"的地区。世界标准地震记录网只记录过南极为数极少的地震活动。自国际地球物理年以来,已经有10多个地震台站在南极大陆工作。至2009年,我国也在南极布设了多个有人值守的和无人值守的自动地震观测台。这些台站所记录到的局部小地震通常都是由冰山崩裂或破裂而引起的,这可能与埃里伯斯山、罗斯岛及南极半岛附近的火山活动有关。

世界标准地震记录网,几乎可以记录到世界上所有强度大于里氏5级的地震。南极地区达到或接近这种强度的较大地震只有3次:第一次是在1952年,第二次是在1974年,第三次是在1985年。地震学家们认为,虽然1974年的那次地震的特征和起因与正常地质作用引起的地震相似,但那次地震可能是由冰川的运动所引发的。相反,1985年的那次地震则是正常构造活动所引起的,也是唯一的一次确确实实的南极地震。

37. 南极有没有火山喷发?

在冰雪覆盖的南极竟会有火山存在吗?确实有。在南极至少有5座活火山。最著名的是罗斯岛上的埃里伯斯火山,火山高达3800米,山上喷出的烟体可成为高空

南极埃里伯斯火山

的风向标。其次是在美国麦克默多站以北,位于南纬74度的南极横断山脉中2730米高的墨尔本火山。第三个

就是欺骗岛火山。

38. 哪里是南极点？

如果有人给你出这样一个难题：在哪里盖一间房子，房间四面的窗户都要朝向北？你答得出来吗？一个美妙的答案就是在南极点盖房子。因为南极点是指地球的最南端，是地球的自转轴和地球表面的交点处，在地球表面上是南纬90度，是南半球纬度的最高点，又是地球所有经度在南端的汇聚点。

39. 在南极点会发生什么有趣的现象？

南极点是地球表面非常特殊的一个位置，在那里有许多难以想象的事情，有些是平时生活在中低纬度地区的同学们一下子难以理解的。南极点的特点有：它是地

南极点

球上没有方向性的两个点之一（另一个点是北极点），站在南极点上，东、西、南三个方向完全失去意义，只有北方一个方向；在南极点，太阳一年只升落一次，有半年太阳

永不落,全是白天,太阳在离地平线不高的地方绕南极点一圈一圈地转,一直不落下,又称"极昼",有半年见不到太阳,全是黑夜,又称"极夜";如果说沿着地球的某一条纬线转一圈就算绕地球一圈的话,在南极点是最省力的,只需要围绕南极点走一圈,用不了几秒钟就能环球一周;在南极点,你说现在的时间是几点都是正确的,因为地球上的经线在这里交汇,南极点可以属于任何一个时区;在南极点,你还可以一只脚在东半球,另一只脚在西半球;你可以一半身体属于今天,另一半身体属于昨天。

40. 极点的一昼夜有多长?

在地球上的大部分地区,一昼夜就是一天,是 24 小时,但在南极点和北极点就大不相同了,如果把太阳两次从地平线升起之间算作一昼夜的话,极点的一昼夜刚好是一年!在南极点,由于地球在南半球夏季较在北半球夏季更接近太阳,还受到地球形状的影响(地球可不是一个非常标准的球体哦),结果使得南半球极区的极昼要短一些。极昼是指从春季最后一次日出到秋季第一次日落的一段时间。在南极点,每年只有一次日出和日落,极昼时间为 183 天,极夜时间为 182 天,太阳一半在农历秋分左右升起,半年后,在农历春分左右落下;在北极点,极昼和极夜时间分别为 189 天和 176 天,太阳在农历春分左右升起,在秋分前后落入地平线。

41. 南极点的自然状况是怎样的?

南极点终年被冰雪覆盖,冰雪厚度达 2000 米,海拔高度为 3800 米;气候异常恶劣,年平均气温为零下 49℃,

夏季平均气温为零下32℃,冬季平均气温为零下78℃,最低气温为零下89℃,年平均降水量3毫米。你们知道吗?南极点并非是南极冰盖的最高点,覆盖在南极点上面的冰雪以每年10米左右的速度移动,因此,科学家每年都要重新标定一次南极点的最新位置,立上标杆。

42. 南极点上有什么?

早在1957年,美国就在南极点的冰盖上建立了一个永久性的考察基地,它以第一个到达南极点的阿蒙森和随后而来的斯科特两人的名字命名为"阿蒙森-斯科特站",站上所需物资和人员往来都要从美国在罗斯岛上的麦克默多站用"大力神"飞机运输,至今已经有3000多人到达过南极点。

43. 为什么南极有极昼和极夜?

极昼和极夜是极圈内特有的自然现象,极昼和极夜这种特殊的自然现象,是地球沿着倾斜地轴自转所造成的结果。也就是说,地球自转时地轴与垂线成一个约23.5

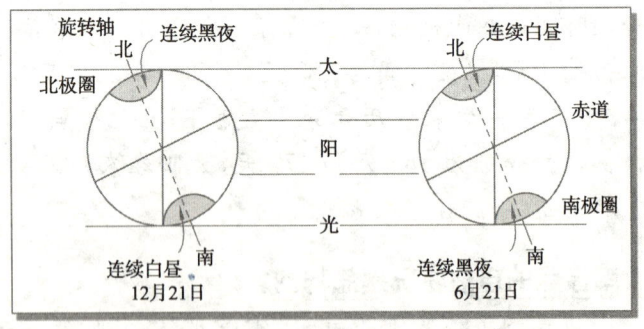

极昼和极夜

度的倾斜角,因而地球在围绕着太阳公转的轨道上,有6个月的时间,南极和北极的其中一个极总是朝向太阳,另一个极总是背向太阳;如果南极朝向太阳,南极点在半年之内全是白天,没有黑夜;这时,北极则见不到太阳,北极点在半年之内全是黑夜,没有白天。到了下一个半年,则正好相反,北极朝向太阳,北极点全是白天;而南极这时则见不到太阳,南极点全是黑夜。在极圈内的地区,根据纬度的不同,极昼和极夜的长度也不同。极夜期间,并非总是伸手不见五指,在极夜刚刚开始和就要结束的时期,虽然不能直接照射到阳光,但由于在地平线下不远的太阳的辉光作用,使天空依然很明亮,室外活动和野外作业还是可以进行的。

44. 南磁极在哪里?

同学们都知道,指南针是我国古代四大发明之一,那么,指南针为什么会指向南方呢?原来,指南针是受到地球磁场的影响。地球本身就像一块巨大的磁石,这块磁石有两个极,磁针向南指的位置为南磁极,向北指的位置为北磁极。南磁极的位置是不固定的,今年在这里,明年可能到别处去了。经过科学测定,南磁极以每年大约10千米的速度向北移动。自从1909年查明南磁极的大致方位在东南极洲最东部的乔治五世地,确认其位置在南纬72度25分、东经155度16分处后,到1965年它的位置便移到了南纬66度30分、东经139度54分的地方;1971年其位置又移到南纬60度48分、东经139度24分处。南磁极现在的位置正从南极大陆向南大洋移动。

45. 为什么南极比北极寒冷？

南极气温比北极低，年平均温度比北极要低26度，冬季平均温度比北极低44度。同样位于地球的两极，南极和北极的气温却有如此大的差别，这是为什么呢？主要是因为南北极的海陆分布不同，南极洲是海洋包围着大陆，而北极区是大陆包围着海洋，陆地吸收热量的本领比海洋大得多。再一个原因就是，南极大陆的平均海拔高度为2350米，而北极区的海拔基本上处于海平面位置。还有一个原因就是，南极的天气系统比较封闭，它与中低纬度地区的热量交换比北极少。因此，北极的气温要比南极高得多。

46. 南极的最高峰在哪里？

在南极西部高原上，突出的埃尔斯沃思山脉有几个制高点，最高峰叫作文森山，海拔5140米，位于南纬78度36分，西经85度24分，在南极森蒂纳尔山脉的南端附近。这些阿尔卑斯山型的山峰，首先是由埃尔斯沃思和他的飞机驾驶员霍利克·凯尼于1935年发现的。我国登山家已经成功地攀登上文森山的顶峰。

47. 何谓南极绿洲？

千里冰封的南极洲也有绿洲，你相信吗？1974年2月末的一天，一架美国飞机在南极大陆的南印度洋沿岸上空飞行，突然，领航员班戈惊呆了。他发现飞机下面有一片无雪的土地，高高的冰墙围绕着山谷，像一个扇形的屏风。山谷中没有积雪的土地中间，分布着一些不冻的

湖泊,给这个白色的冰雪高原带来无限生机。这就是南极洲有名的班戈绿洲。

所谓绿洲,并非是郁郁葱葱的树木花草之地,而是南极探险家、科学家由于长年累月在冰天雪地里工作,当他们发现没有冰雪覆盖的地方时,不禁倍感亲切,便将这些地方称为南极洲的绿洲。南极绿洲占南极洲面积的5%,含有干谷、湖泊、火山和山峰。按照这个定义,在南极可称作绿洲的有班戈绿洲、麦克默多绿洲和南极半岛绿洲。班戈绿洲的面积大约有500平方千米,常年刮风,吹起的沙石、雪粒,把岩石表面琢磨成许多很小的窟窿,像蜂窝一样。铺在地面的砾石,表面有一层光泽如漆的暗棕色外壳,这是溶解在水中的盐类慢慢地在岩石表面凝聚起来的结果。在这个绿洲中,有一些沙丘,沙丘间的谷地有的干燥,有的积水成湖。较深的湖,水质不太咸,湖水清澈,晴天闪出天蓝色的光泽。较浅的湖,泛出淡绿色的或褐绿色的光彩,湖水很咸,苦涩难耐。在那些干燥的丘间低地或沙丘的斜坡上还结成一层白色的盐霜,像刚刚下过一场小雪。这些盐霜和湖中的咸水,没有相当久远的年代,是无法形成的。

48. 南极的极地气旋是什么?

极地气旋,顾名思义就是极地的气旋。南极大陆高压的周围,常年存在着许多极地气旋,这些极地气旋有规律地自西向东移动,是影响南极地区的主要天气系统之一。南极的极地气旋活动有明显的季节性变化,夏季气旋活跃、气旋数偏多,冬季偏少,过渡季节接近平均数。极地气旋的平均移速约为每小时29.9千米,平均每天移14.4个经度。

由于在南大洋和南极洲的气象台站很少,科学家一般是利用卫星云图对极地气旋活动进行分析,所以卫星云图在南极天气气候研究及预报服务工作中起着十分重要的作用。

49. 南极风暴为什么既频繁又强烈?

南极风暴为什么会这样频繁、强劲?这是一个很有趣的问题。南极大陆冰盖中心高原与四周沿岸地区之间是一个陡坡地形。内陆高原的空气遇冷收缩,密度增大,这种又冷又重的冷气流从冰盖高原沿着冰面陡坡向四周急剧下滑,到了沿海地带,地势骤然下降,使冷气流下滑速度加大,于是便形成具有强大破坏力的下降风。又由于地球自转的影响,向北流动的气流总是向左偏转,于是在大陆沿海地带形成了偏东大风。通过多年气象观测,证实了南极大陆沿海地带的风最大,风向偏东,平均风速为17米/秒~18米/秒。特别是东南极大陆沿岸,从恩德比地沿海到阿德利地沿岸,这一带海岸的风力最强,风速可达每秒40米~50米,被称为风暴海岸。

50. 什么是南极辐合带?

南极辐合带是一条非常明显的自然地理边界。这里是向北流动的南大洋表层水(0米~300米水深)与向南流动的温暖的大洋水相遇的地方,是海水的温度、盐度变化较大的海域,两边的海洋有特别明显的差异。辐合带的地理位置在南纬48度到南纬62度之间,是个不规则的圆圈,在印度洋、大西洋一侧的南纬50度附近,太平洋一侧的南纬55度到62度之间。

51. 南大洋指的是哪里？

大家都知道地球上有四大洋，它们是太平洋、印度洋、大西洋和北冰洋，但你不一定知道还有个南大洋。其实，南大洋不是一个真正意义上的大洋，科学家们通常把环绕南极洲的海域称为南大洋。南大洋的北部边界是南极辐合带，是由辐合带以南的南太平洋、南大西洋和南印度洋的水域组成，其水域面积约为7500万平方千米。我国南极考察队已经对南大洋有过许多次的科学考察，积累了大量的科研数据，并取得了一大批科研成果，有些已经达到世界领先的水平。

52. "乳白天空"是什么？

在南极洲的低温和冷空气的特殊作用下，有时会产生一种十分危险的天气现象，这就是南极探险家谈之色变的"乳白天空"。发生这种天气现象时，天地之间浑然一片，人仿佛融入浓稠的牛奶里，一切景物都看不见了，方向也迷失了，而且人的视线会产生错觉，分不清景物的距离和大小。造成这种幻境的原因，是由于太阳光射到冰层后又反射到低空的云层里，而低空云层中无数细小的雪粒又像千万个小镜子，将光线四散开来，这样来回反复地反射，便形成白蒙蒙雾漫漫的"乳白天空"。

对于在极地上空飞行的飞机，驾驶员会因分不清天上地下而失去控制，不少极地飞机失事的原因皆是如此。1958年，在埃尔斯沃思基地，一名直升飞机驾驶员就因为遇到这种可怕的"乳白天空"，顿时失去控制而坠机身亡。

1971年，另一名驾驶LC-130"大力神"飞机的美国人，在距离特雷阿德利埃200千米附近的地方，遇到了"乳白天空"，突然坠机失踪，一直下落不明。在野外工作的考察队员遇到突如其来的"乳白天空"也很危险，因迷失方向而出事的事时有发生。有的滑雪者突然摔倒在地，有的汽车翻车肇祸，因此坠入冰裂缝而伤亡的也大有人在。那么，遇到"乳白天空"，人们该怎么办呢？对于"乳白天空"，地面人员最安全的防范措施说来很简单，就是呆在原地不动，注意保暖，然后耐心地等待"乳白天空"消失，或等待救援人员来营救。

53. 什么是极光？

极光有时被称为北极光或南极光，其实它们本质上是一回事，只不过在北极出现的极光被称为北极光，在南

南极光

极出现的极光被称为南极光。我国的黑龙江省和新疆维吾尔自治区都曾经出现过极光，只是非常难得一见，一般

几十年才出现一次,甚至比海市蜃楼还不容易看到,但在南北极的高纬度地区,极光的出现则是司空见惯的事。

极光是天空中一种奇特的自然光,是人们用肉眼看得见的唯一的超高层大气物理现象。在南、北极的高空,大多位于100千米以上,在漫长的极夜或极昼时,常会出现鲜艳的极光。

54. 极光是什么样子?

可以用来形容极光的词很多,但无论用哪一个都难以表达出极光的神奇和美妙。极光是令人神往的自然奇观,是南极和北极最为瑰丽的景色。在南极的漫漫长夜,有时几乎整个天空都是一幅南极光的美妙景象,极光时而像高耸在头顶上的美丽的圆柱,突然变成一幅拉开的帐幕,而后,又迅速卷成螺旋的条带;有时,极光就像传说中天女手中曼舞的长长的彩色飘带,有时变化迅猛,形状转瞬即逝,有时又像天边一缕淡淡的烟霭,久久不动;有时似漫天光箭从天而降,几乎举手可触,有时又像原子弹爆炸后的蘑菇云腾空而起,令人望而生畏。当然,这一切都发生在距离地面100千米以上的大气层里。在南极的种种景象中,再没有比极光更壮丽的景象了。

五彩缤纷、变幻莫测的极光给在南极洲越冬的科学家们带来了无穷的乐趣,也减轻了漫长冬季给人们心理上带来的压抑。极光的亮度有强有弱,强极光的亮度可以把考察站建筑物的轮廓照亮,甚至照出物体影子。

55. 极光是怎么形成的?

极光的形成如同日常所见到的氖气灯管一样,灯管中稀薄的气体因受到带电粒子的强烈碰撞而发光,而极光就是高空大气中的一种发光过程。具体地说,极光是太阳放射出大量的质子和电子等带电微粒,这些微粒以高速度射进地球外围的高空大气层里,同大气层中稀薄气体中的原子和分子进行剧烈地碰撞,而激发出来的光。极光出现的高度一般在离地面500千米到500千米的高空,实际上在那里的空气是十分稀薄的,只有人造卫星可以在这一高度经过。

同学们一定会问,为什么极光只在地球的南、北极地区频繁出现呢?人们知道,地球本身就像一个巨大的吸铁石,它两端的磁极分别在南、北极地区。当太阳放射出来的大量带电微粒射向地球时,受到地球南、北磁极的吸引,极光纷纷向南、北极地区涌入,所以,极光就集中出现于南、北极地区。

56. 极光的形态是怎样划分的?

极光的形状可是千姿百态,连运动的状态也是千变万化、多种多样的。科学家们按照极光的形状特点把极光分为5大类:一是底部整齐微微弯曲呈圆弧状的极光弧;二是有弯扭褶,宛如飘带状的极光带;三是如云朵一般片朵状的极光片;四是面纱一样均匀的帷幕状的极光幔;五是沿磁力线方向呈射线状的极光芒。这一切,只有身临其境的人,感受才会更加深刻。

57. 极光为什么绚丽多彩?

极光为什么是绚丽多彩的呢?这主要是因为地球周围的大气中,含不同的气体分子。当从太阳来的带电微粒与不同的气体分子冲撞时,就发出不同颜色的光。如氖气受到冲击时就发出红颜色的光,氩发蓝光,氦发黄光,其他气体也是各呈其色。科学家们发现,极光的颜色还取决于带电微粒的相互碰撞的空间高度和这些带电微粒的波长。极光形体的亮度变化是很大的。当太阳表面剧烈骚动时,太阳黑子增多,太阳射向地球大气层中的带电微粒也就增多了,这时极光不但频繁出现,而且极光的亮度也特别强。

58. 科学家为什么要研究极光？

　　在南极的许多科学考察站都有研究极光的专门仪器设备和专业研究人员,中国南极中山站也是研究极光的一个理想地点,我国科学家还与日本科学家合作进行极

南极极光

光研究呢。那么,人们为什么要研究极光呢？极光实质上是地球周围的一种巨大的放电现象。由此可知,研究

极光就能了解到形成极光的太阳粒子的起源,以及这些粒子从太阳上形成及经过行星际空间、磁层、电离层,以及最终消失的过程,并能了解到在此过程期间,这些粒子在一路上受到电的和磁的、物理的和化学的、静力学的和动力学的各种各样的作用力的情况。因此,极光既可以作为日地关系的指示器,也可以作为太阳和地磁活动的一种电视图像,去探索太阳和磁层的奥秘。此外,极光还是一种宇宙现象,在其他磁性星体上也能见到,所以,对它的研究有着十分普遍的科学意义和实际应用方面的价值。对极光等离子体的研究,能更好地理解太阳系的演变、进化,还可以研究极光作为日地物理关系链中的一环,对气候和气象的影响,以及生物效应等等。

59. 什么是南极的幻日?

在南极由于大气中充满了无数的冰晶体,它们就像水晶一样,将阳光四处散射开来,形成环绕太阳的美丽光环,这种现象称为日晕。有时在日晕两侧的对称点上,冰晶体反射的阳光尤其明亮,如果出现并列的太阳,光华四射,耀人

南极幻日

眼目,这就是奇妙的幻日了。中国南极中山站于1997年就曾经出现过幻日。在南极内陆地区,幻日更是会经常

出现。

60. 南极大陆是怎样漂移的？

根据德国气象学家和极地探险家阿尔弗雷德·魏格纳提出的大陆漂移学说，地球上一块块分散的大陆，在遥远的地质年代，是连在一起的。后来由于地壳的活动，古老大陆分裂了，开始"漂移"，逐渐形成了今天地球上大陆分布的格局。具体说来，大约在5亿年前，地球赤道一带存在着三个大陆板块，大致相当于现在的亚洲、欧洲和北美洲。其他大陆则分布在南半球，连成一个板块。过了1亿年左右，上述几个板块通过漂移和碰撞，以及剧烈的地壳运动，又合并在一起，形成了一个空前巨大的"联合古陆"，或叫"超级大陆"。后来，超级大陆逐渐一分为二，北面的叫劳亚大陆，南面的叫冈瓦纳大陆，又称冈瓦纳古陆。在大约1.7亿年前的侏罗纪末期，冈瓦纳大陆分裂成东、西冈瓦纳大陆。东冈瓦纳大陆由南极洲、印度、新西兰和澳大利亚组成；西冈瓦纳大陆由南美洲和非洲组成。大约5300万年前，澳大利亚与南极洲开始分离，到渐新世，即3900万年前，澳大利亚与南极洲最后分离，并且南极半岛与南美洲分离，形成现在的德雷克海峡。从此，南极大陆在地理上完全独立了，地球上基本形成了目前七大洲的雏形。但是，它们的地理位置仍然在不停地移动着，变化着。这些板块以每年1厘米、10厘米甚至1米的速度朝不同的方向做着相对移动，只是一时难以察觉，但天长日久，经过漫长的地质年代才到达现今的位置。

61. 南极洲也曾拥有美丽的春天吗？

南极洲并不是一直这么寒冷的。在 2.5 亿年前，今天被称为南极洲的古陆，那时候同现在的大洋洲地块是连结在一起的。当时，这一带气候温暖，雨量充沛，遍地热带植物丛生，到处是活跃的远古动物。可是后来，南极大陆最终告别澳大利亚大陆，逐渐向地球南端漂移，直至极地。由于这里纬度高，终年得不到太阳光的直射，气温逐渐变低，造成降雪不融，积冰不化。随着岁月的流逝，世纪的更替，原来兴旺一时的生物销声匿迹，成了长眠在地下的化石，原来四季如春的地域竟然风雪肆虐，变为奇寒酷冷的冰库。

在南极发现的植物化石

62. 南极洲是从北冰洋里挖出来的吗？

南极洲是位于地球最底部的大陆，与它对应的地球的顶部，则是一个由北冰洋的海水填满的凹地。但有人经过对比和研究之后，发现了一系列让人捉摸不透的巧合。在面积上，两者相当，南极洲为 1400 万平方千米，北冰洋为 1478 万平方千米，倘若将现今的两个极点重叠在一起，并把其中一个旋转 75 度以后，便可以看到，两者的

形态轮廓也大致吻合,偌大的南极洲正好嵌在北冰洋中,而且南极半岛的尾部,正好落在北冰洋的挪威海与格陵兰海之间。而在高度上,北冰洋有深4000多米的海盆,而南极洲也恰好有高达3794米的山峦与之对应。所有这一切都似乎表明:南极洲就像是从北冰洋里挖出来的一般。南极洲和北冰洋有如此鲜明的对照,看来似有一定联系。

这有趣的现象是一种偶然的巧合吗?直到现在还没有人发现这些巧合与地球的运动和演化有什么内在因果关系。也许同学们将来能够对此作出合理的解释。

63. 南极有多少矿藏?

实际上,直到今天科学家们对南极及其陆架区矿产资源了解得也不多,原因很简单,面积巨大,厚达几千米的冰盖和恶劣的自然环境限制了科学家的调查,但是通

南极内陆考察车队

过几十年不间断的工作,已经在南极发现矿床、矿点百余处。美国地质调查所把南极大陆划分出三个主要的成矿

区：安第斯多金属成矿区，主要为铜、铂、金、银、铬、镍、钴等矿产；横贯南极山脉多金属成矿区，有铜、铅、锌、金、银、锡等矿产；东南极铁矿成矿区，除大量铁矿外，尚有铜、铂等有色金属，并发现金伯利岩。一般认为，查尔斯王子山铁矿和横贯南极山脉区的煤矿规模最大；罗斯海、威德尔海、阿蒙森海、别林斯高晋海等海盆油气远景最大。

尽管南极大陆及其陆架的地质调查和矿产资源开发难度颇大，但随着其他大洲可供开发的矿产资源的日益减少和枯竭，将迫使人类向海洋、南极洲或其他地方寻找出路。至于人们担心矿产资源开发可能造成的环境、生态的破坏和污染，人类也会从科学技术进步中找到妥善的解决办法。但在目前，南极禁止一切矿产资源的开发和利用。

64. 南极铁矿知多少？

全世界已查明的铁的蕴藏量是相当可观的，但具有工业开采价值的富铁矿床就不是那么乐观了，所以近几十年来，地质学家们又逐步把寻找铁矿远景资源的目光投向南极洲。

铁矿是南极大陆所发现的储量最大的矿产，主要位于东南极。1966年，前苏联地质学家在查尔斯王子山脉南部的鲁克尔山北部发现了厚度约70米的条带状富磁铁矿岩层，称为条带状磁铁矿层或碧玉岩。矿石平均含铁品位为32.1%，最多可达58%。整个岩系厚度达400米。他们在1971—1974年进行调查，确定了该地区磁铁

矿和硅酸盐中铁的品位可以与澳大利亚西部的哈默斯利盆地、北美洲的苏必利尔湖区、加拿大的谢弗维尔地区和前苏联的克里沃·罗格地区的铁构造相比。通过航空磁场调查资料表明,铁矿集中区在冰体下长 120 千米～180 千米,宽 5 千米～10 千米。1977 年,美国的霍夫曼和里瓦齐等人,根据航磁异常报道了在鲁克尔山西部的冰盖下的两个磁异常带,其宽度为 5 千米～10 千米,延伸达 120 千米～180 千米,他们初步认为这是鲁克尔条带状含铁层的延续,如果这两个磁异常带确为铁矿所引起的推理得到进一步证实,那么,该地区的铁矿将是世界上最大的。这就是目前一些南极地质学家所声称的"南极铁山",其铁矿蕴藏量,初步估算可供全世界开发利用 200 年。毫无疑义,南极洲鲁克尔山条带状含铁层的发现,已经在关心南极矿产资源的地质界引起了极大的兴趣。

65. 南极有煤吗?

同学们,可以肯定地告诉你,南极洲拥有世界上最大的煤田。早期南极探险家在露岩区采集标本时就经常发现煤,而且用它做饭、取暖。时至今日,在南极大陆上发现的煤很多,而且许多煤层直接露出地表。目前发现的煤田

南极露天煤层

主要分布在南极横贯山脉沿罗斯海岸的一段,还有西南极洲的埃尔斯沃思山区也有煤田露出。南极横贯山脉的煤田,可能是世界上最大的煤田。据估计,南极大陆冰盖下蕴藏的煤超过5000亿吨呢,是南极洲留给人类的一份宝贵财富。

66. 南极有哪些有色金属矿产?

有色金属在国防工业、机械制造和日常生活中都有广泛的用途,其中许多又是贵重金属。南极洲地域广阔,与地质构造和地质历史相似的其他大陆比较,可能潜藏有丰富的矿产资源。由于南极大陆面积的95%被巨厚的冰盖所覆盖,因此地质调查工作十分困难。目前的地质调查仅限于无冰区和南极大陆沿岸。根据各国的地质调查资料估计,南极洲可能有矿床900处以上,其中在无冰区有20多处。已发现的矿床、矿点100多处。除铁和煤之外,还有南极半岛的铜、钼以及少量的金、银、铬、镍和钴;南极横贯山脉地区的铜、铅、锌、银、锡和金;东南极洲的铜、银、锡、锰、钛和铀等有色金属。

地质考察

67. 南极有石油和天然气吗?

1973年,执行深海钻探计划的美国钻探船"格洛玛·挑战者"号,在罗斯冰架外的大陆架区四个站位上进行钻探,那里的沉积物厚度达3000米~4000米。钻这四个孔的目的是为了研究那里沉积物的沉积史。因此,所选的钻探站位故意避开过去从海洋地球物理研究角度认为沉积地层可能有含油构造的区域。然而,这四个钻孔中有三个仅钻到45米深时就喷出了大量的天然气,不由使人推测出罗斯海可能储有重要的天然气资源。

根据科学家近年来在南极大陆周围海域的海洋地质和地球物理调查的资料,认为在南极大陆周围海域可能潜在油气资源的沉积盆地有七个,它们是:威德尔海盆、罗斯海盆、普里兹湾海盆、别林斯高晋海盆、阿蒙森海盆、维多利亚地海盆、威尔克斯地海盆。在上述沉积海盆中,最有含油气远景希望的是罗斯海盆和威德尔海盆,特别是罗斯海盆的大陆架面积最大,约77.2万平方千米。

68. 南极有没有河流?

在南极极昼期间,24小时不落的太阳给这块冰封的大陆多多少少带来一些暖意,在南极洲沿岸较为暖和的区域,冰雪会部分融化,融化的水也只能汇集成一些涓涓细流。地处东南极洲怀特岩的奥尼克斯河,算是南极大陆上的最大河流了,其水深也不过膝。在大陆周围的岛屿上,夏季的冰雪水也能汇集成季节性溪流入海。无论在南极的哪一个地方,一到冬季,所有的河流就都消失了。

69. 南极有湖泊吗？

南极大陆尽管河流很少，但它却有众多的湖泊，既有淡水湖，也有咸水湖。咸水湖又叫盐湖，在南极大陆的周围随处可见。较有名的是唐胡安湖，湖水含盐度极高，每升含盐量可达270余克，即使在零下70℃，湖水也不会结冰。

淡水湖

还有一种咸水湖是南极大陆独有的，最有名的是地处维多利亚地赖特谷中的范达湖和泰勒谷的邦尼湖。这种湖湖水上淡下咸，湖表冻结着一层2米～3米厚的冰，冰下湖水清澈，湖水含盐量随深度的增加而增加，形成分层次现象，底层水的含盐量比表层水高约10倍；湖水温度也随深度的增加而升高，在年平均气温零下20℃的环境中，湖底水温竟仍高达25℃。对这种奇异现象，科学家们至今仍未找到合理的解释。

70. 你知道中国南极站靠近什么湖？

淡水湖分布于南极大陆的边缘，西南极洲的湖泊多于东南极洲。淡水是生命之源泉，它对人类在南极的活

动至关重要,所以人们在选择南极科学考察站地址时非常重视附近的淡水湖泊。中国南极长城站和中山站附近都有淡水湖,它们可以满足南极站生活用水和发电机冷却用水,地理位置优越,条件得天独厚。仅长城站西部和南部就有西湖、高山湖和燕鸥湖,水质良好,水源充足,适于饮用,其中西湖平均水深5米,最大深度10米,面积1.2万平方米,可蓄水6万立方米,是长城站主要饮用水湖泊。但是,许多国家的考察站,尤其是建在内陆的站,因附近没有淡水湖泊,饮用水只能靠融冰化雪或淡化海水,既不经济又不方便,那日子可就难过多了。

71. 你听说过南极的冰中湖吗?

在南极冰盖的深处,有一个与世隔绝千万年的湖,它的四周和上面都是万年冰雪,这确实是一般人难以想象的。1994年,俄罗斯科考专家利用地震探测和回声探测发现在东南极大陆存在一个冰下湖,并取名为东方湖,这个湖位于俄罗斯东方站冰盖下3800米深处,湖面长250千米,宽40千米,湖深700米,其中有200米的疏松沉积层。科学家们说,这个湖水至少有50万年未与大气接触。有关湖水的成分、水中有没有生物存在、湖的成因及演化等都是人们所迫切关注的。目前,俄罗斯已在东方站钻取冰芯达3000多米深,人们担心再往下钻会打穿冰层并污染湖水,在离湖面25米~50米时停止了钻探。同时,俄罗斯还将继续利用地震法进一步确定内陆冰川面积、冰川至基岩的结构以及冰和湖的确切边界。最近,美国太空研究专家认为,东方湖可能是可模拟木星卫星中存在的冰川—海洋—岩石的唯一天然实验室,并提出采用航天高技术,用探路者机器人,钻透3000多米厚的冰盖进入湖水和沉积物中进行无玷污采样和样品分析,并把分析数据和图片源源不断地传回地面。看来,冰下湖秘密的揭开指日可待。

72. 南极大陆是何时被冰覆盖的?

南极并不是一直就在地球的最南端,科学家已经在地层中找到了证据,南极大陆还是冈瓦纳大陆的一部分时,即从3亿年前到2.5亿年前之间,就已经出现了冰盖,但这和现代南极大陆的冰川和冰盖完全是两回事。冈瓦纳大陆从1.5亿年前开始分裂,在7000万年前南美、非洲、印度、南极洲和澳大利亚分离开来,5000万年前南极洲和澳大利亚又进一步分离,这时的南极大陆开始发育冰川。

最近研究表明,距今3000万年前南极大陆便形成了冰盖并覆盖了地面。在300万~250万年前,南极冰盖再次退缩,海面上升,东南极洲被海水淹没。人们推断这个时期南极洲也是相当温暖的。南极大陆现在的冰川始于距今5000万年前。在3000万年前形成非常大的冰盖,其后经过了冰期和间冰期交替变化,从250万年前大体上变成现在这样。

73. 南极大陆的冰盖会融化吗?

有人经过测算,如果南极冰盖一旦融化,海平面将升高60米左右,许多沿海地区将变成汪洋大海,许多国家将成为泽国。像上海这样的沿海大城市将沉入海底,成为水下"龙宫",连海拔不超过40米的北京也不能幸免于难!

南极大陆的冰盖会不会融化,这取决于全球气候会不会变暖,气温会不会升高,而全球气温升高的决定因素是大气中温室气体是否会增

南极的夏天

加。因为二氧化碳等温室气体能起一种屏蔽作用,它会阻留地球大气层中的热量散失,使留在大气中的热量超过散射到宇宙空间去的热量,产生人们常说的"温室效应",这时,地球温度将随之升高。当大气中二氧化碳的含量增加1倍时,地球温度便会升高2℃～3℃,这时南极地区的气温将上升5℃,冰盖就要开始融化。

最近200年来,由于现代工业的发展,大气中二氧化碳的浓度上升到0.034%,若按此速度增加,要使大气中二氧化碳的浓度提高1倍,达到0.068%,至少需要1130年,那时南极冰盖才开始融化。这不过是一种科学分析和推测,事实上人们从钻取的南极冰岩芯得到证实,地球气温升高和二氧化碳浓度的增加,二者间正相关关系并不明显,如果人类采取措施,加强环境保护,遏制二氧化碳气体的产生,就可能不会引起南极冰盖融化的严重后果。

74. 南极陨石是怎样被发现的?

1969年12月,日本第十次南极考察队,在昭和基地南方300千米处的大和山脉南部的冰面上发现了9颗陨石。第十四次南极考察队又在同一地区发现了总计12颗陨石。这些陨石若是一次偶然的发现,则其数目未免

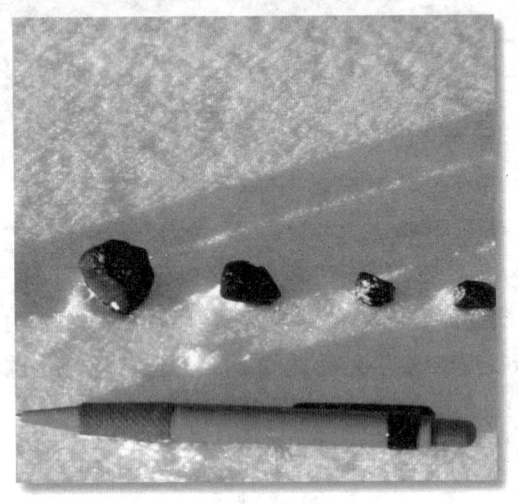

南极陨石

多了些,况且还包含着各种各样的陨石种类,这就不仅说明了这些陨石不是同一次落下的陨石群,而且还暗示出将有可能发现更多的陨石。之后,日本进行了有组织的陨石调查,果然在大和山脉周围又发现了5500颗陨石。通过分析和总结,科学家发现在南极冰盖的蓝冰区是陨石的富集区域,并且搞清了陨石富集的原因。现在,在南极发现的陨石已经超过15000颗,占世界陨石总量的90%。

75. 为什么说南极是陨石的宝库?

在南极冰盖的某些地区,为什么能有大量的陨石被集中地发现呢?是不是在南极从天而降的陨石特别多呢?其实,在世界各地,陨石出现的可能性是大致相等的,只不过降落在南极的陨石更加容易保存下来,并且非常容易被冰盖考察的科学家发现罢了。

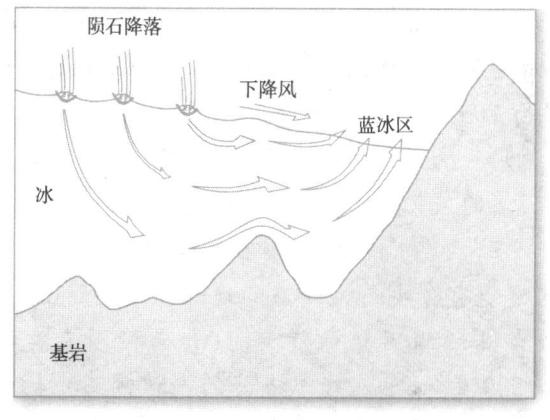

陨石富集原理图

降落在南极冰盖上的陨石会深深地钻入冰面以下,由于南极寒冷洁净的自然条件,这些陨石被很好地保护起来,并随着冰川的流动而运动。当冰川遇到内陆山脉和冰盖下隐蔽的山脉时,由于冰下地形的影响,冰被拦阻后不断上升,表层冰雪不断升华,有些地区冰的抬升速度和升华速度可以达到每年10厘米,使冰中的陨石距离冰面越来越近,埋藏越来越浅,最终暴露在冰雪表面,并逐步集积在阻挡冰流的山脉处。在南极冰盖纯白色的冰面上,这些黑褐色的陨石是非常显眼的,甚至在很远处就可发现。存在于南极冰盖中的陨石,随冰雪的流动被一同推往大海的方向,其中绝大多数陨石将最终掉入大海,被人类发现的只是其中极小的一部分。

76. 南极陨石为什么可称为无价之宝?

在世界上的其他大陆都发现过陨石,但南极陨石却有它的独特之处。这是为什么呢?因为南极陨石有其他大陆无法比拟的特点:(1)南极陨石的地球年龄最长,这个年龄是指陨石降落到地球表面后保存的年龄。在其他大陆,由于风化作用和环境条件因素,陨石落地后不能保存几千年。而南极大陆冰雪严寒,对陨石可起保护作用,抑制了陨石的风化作用。所以南极陨石的地球年龄一般可达几十万年,比其他大陆陨石的地球年龄高出100多倍,现已发现有2块南极陨石的地球年龄长达500万年。(2)南极大陆的陨石储量最大。(3)南极陨石类型最丰富。到1989年为止,在数以万计的南极陨石中已查明有9块是来自月球的月球陨石,其中8块来自月球表面,它们是研究月球成因的无价之宝。还有2块能说明火星发展史的火星陨石。此外,还发现一时难以辨别的独特的陨石类型。这些都是其他大陆不曾发现的。(4)南极陨石的原始状态最好。因这些陨石长期在冷冻和无菌条件下保存,几乎没有受到地球上其他物质的污染,最有利于研究太阳系内外星体的历史演变过程。(5)南极大陆上的陨石较容易被发现。

77. 南极陨石有什么科学价值?

陨石的重要价值在于,它携带着、包含着许多有关太

阳系早期历史的资料和信息,可以从它那里了解到宇宙演变情况,甚至还可以知道其他星球上有无生命的存在。南极陨石是科学家揭示宇宙奥秘的一把钥匙,在科学家们的眼里,陨石的价值比黄金还宝贵。美国科学家分别于1974年和1976年在南极采到2块稀有的陨石,他们从中发现了6种非生物来源的氨基酸,同学们要知道,氨基酸是构成蛋白质的基本单位,有氨基酸才能有蛋白质,有蛋白质才能有生命。从这一重大发现中可以推断,在地球上的生命起源之前,所发生的某些化学过程,在其他一些星球上也曾发生或者正在发生。陨石中氨基酸的发现,为研究地球以外的生命起源提供了有价值的材料。

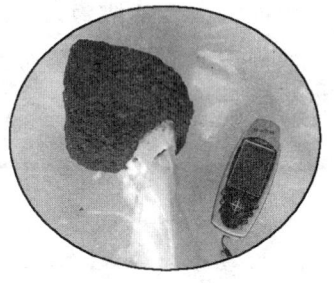

南极陨石

78. 南极怎么会有火星陨石?

最近,美国航空航天局宣布,美国科学家通过分析1.3万年前掉入南极冰盖中来自火星、未受污染的陨石,发现了一些非常细小的古老的单细胞生命,这一发现推断出火星可能存在着生命,并于1996年派遣两艘飞船前往火星,计划在2003年取回火星上的岩石样品。这块存有火星生命证据的像垒球大小的陨石,是采自南极洲阿兰山,被称为"84001"号陨石样品。有人推断出它是大约在1500万年前,一颗小行星或彗星撞击火星外壳,所产生的陨石沿着绕太阳转的轨道运行,直到1.3万年前,它才落到南极洲的阿兰山,在那里一直隐藏到1984年才被发现。后来,我国也在南极格罗夫山地区发现了2块火星陨石。据大英博物馆记载,除南极洲外,至今世界上发现的陨石只有2500枚,而至今在南极已发现的陨石就达15000枚。

79. 我国至今发现了多少块南极陨石?

中国第十五次、第十六次南极考察队于1999年和2000年两次组织格罗夫山地区综合考察,在位于南极冰盖深处的格罗夫山地区,总共发现了34块珍贵的"天外来客"——南极陨石,填补了我国在此项研究领域的空白。我国南极考察队发现的这些陨石有铁镍陨石和球粒陨石,已经带回国内分析研究。随后几年,我国考察队发现格罗夫山地区是一个陨石富集区,到2006年,已经收集了近1万块南极陨石,居世界第三位。

80. 南极蜂巢岩是如何形成的?

蜂巢岩并不是南极所特有的,但在南极却大量分布着。在南极短暂的夏季,在为数不多的沿岸露岩区域或内陆山脉地区行走时,可以看到表面有像蜂窝状无数小洞的形态千奇百怪的岩石,人们统称它们为"蜂巢岩"。为什么在南极经常能看见蜂巢岩呢? 原来,在南极的岩石出露地区,常年的狂风不断吹蚀露出地面的岩石表面,由于风中含有细小的沙粒,不断在岩石表面撞击,岩石中不那么结实的部分就被撞击和侵蚀,渐渐凹陷了;当凹陷到出现一个小坑时,就会有沙粒甚至小石头留在其中,狂风一吹,沙粒和石子会在其中旋转,研磨原来的小坑,

使小坑不断加大加深,进而形成了无数块千疮百孔的蜂巢岩。不过南极的岩石不会全都成为蜂巢岩,蜂巢岩总是在某个特定地层生成。这取决于南极岩石造岩矿物的大小和种类,像花岗岩和伟晶岩是造岩矿物结晶大的岩石,就容易生成蜂巢岩。有的科学家还认真地研究了南极蜂巢岩的风化速度,在岩石比较平坦的部分风化速度1年约为1毫米。

南极岩石的蜂窝状风化

81. 南极臭氧洞是怎么回事?

大气中的臭氧是阳光中的紫外线作用于氧分子,氧分子(O_2)分解成氧原子(O),氧原子和氧分子结合形成臭氧(O_3)。臭氧大部分存在于平流层10千米～50千米高度,它的最大密度是在20千米高度左右。臭氧的总含量还不到地球大气分子数的百万分之一,但是由于臭氧能吸收太阳光中的紫外线,因此可以保护地球上生物免受灭顶之灾。

英国南极考察科学家于1985年报道发现南极上空的臭氧空洞。每年的8月下旬至9月下旬,在20千米高度的南极大陆上空,臭氧总量开始减少,10月初出现最大空洞,面积达2000多万平方千米,覆盖整个南极大陆及南美的南端,11月份臭氧才重新增加,空洞消失。其实,所谓臭氧空洞,并不是说整个臭氧层消失了,只不过是大气中的臭氧含量减少到一定程度而已。

82. 南极臭氧洞是怎么形成的?

南极臭氧洞是怎么形成的呢,大家一定对其十分关心。科学家研究表明,由于人类的活动,特别是大量使用作为制冷剂和雾化剂的氟利昂,是产生南极臭氧洞的重要原因。人类在生产和生活中泄漏到大气中的氟利昂在高层大气中经紫外线分解成氯原子,氯原子使臭氧产生了分解。在南极上空20千米的高度,因温度非常低,易生成冰晶云,这种云加剧了氯的催化作用,使大量的臭氧被分解。南极封闭的大气环流系统使得被分解的臭氧得不到补充。所以,大气中的化学反应和大气运动相辅相成,紧密相关,在南极上空就形成了臭氧空洞。

地球大气中的臭氧层出现空洞会有害于地球上的生灵,这一问题已引起人们的普遍担忧和各国政府的普遍重视。现在,世界各国都在致力于减少乃至制止氟利昂的生产,许多国家的政府和国际环保组织也要求有关生产空调和冰箱的厂家减少和停止使用氟利昂作为制冷剂,转而推广使用绿色环保无氟产品,同时号召人们购买无氟产品。其实,我们每个人在日常生活中都可以为保护地球家园作出应有的贡献。

83. 南极臭氧洞有什么危害?

臭氧洞到底有什么危害呢?简单说来,臭氧洞的危害是透过臭氧洞的强烈紫外线对人和生物有杀伤作用。在医院和实验室里,人们常用紫外线光消毒,杀死细菌和病毒,就是这个道理;在阳光下曝晒,人的皮肤会变黑,也是这个道理。不过,在通常情况下,来自阳光的紫外线是比较弱的,不足以对人起伤害作用。在自然界里,太阳光的紫外线不容易直接到达地面,这是因为在地球的大气圈中有一层臭氧层,它有效地阻止了太阳光的紫外线到达地球。一旦臭氧量减少,大气圈中的臭氧层变稀薄,甚至出现空洞,这一障碍消除了,紫外线就会畅通无阻地穿过大气层,射到地球上。但是,射到地球上的紫外线,不是所有的都对生物有杀伤作用。紫外线按波长可分为三个部分,波长较短的那两部分,对生物的杀伤力最强,严重时会导致人类患上皮肤癌。强烈的紫外线对地面生物的危

在冰上跳跃的熊

害,还表现在破坏生物细胞内的遗传物质,如染色体、脱氧核糖核酸和核糖核酸等,严重时会导致生物的遗传病和产生突变体。

科学家还发现,南极洲上空的臭氧洞对海洋生物也有很大影响。强烈的紫外线可以穿透海洋10米～30米,使海洋浮游植物的初级生产力降低四分之三,抑制了浮游动物的生长,从而对南大洋的生态系统产生不利影响。

84. 南极有没有抗紫外线的生物?

科学家发现,生物受到紫外线损伤后,有一定的修复能力。美国科学家又发现,温带地区的生物具有修复损伤的机制,似乎是在细胞水平和分子水平上进行修复。修复的主要方式有三种:一是光复活,生物在较长波段的紫外线中,能通过酶把损伤转化为脱氧核糖核酸分子;二是切除修复,这是在黑暗中发生的一个过程,酶能将损伤的部分切除,只留下某种伤痕,这一点像人和动物动过手术一样;三是复制修复,脱氧核糖核酸在进行复制时,把受损的细胞沟通了,使它修复起来。南极的生物也可以利用与温带生物类似的方式,修复被损伤的细胞。科学家对海洋细菌、硅藻、磷虾、大型海藻、帽贝、海参等进行了研究,评价了这些生物对紫外线损伤的修复能力。生长在南极的陆地植物地衣,也有抗紫外线辐射的能力。生活在南大洋海冰中的冰藻,它对强烈的紫外线有"屏蔽"作用,使紫外线不能透过冰藻层。这样,既保护了冰下的生物,又使自己免受伤害。

极地科考

不可争夺的土地

85. 为什么要制定《南极条约》?

早在1908年英国就宣布对包括南极半岛在内的扇形地块及其水域拥有主权,其后,澳大利亚、新西兰、法国、智利、阿根廷、挪威先后对南极提出领土主权要求。其中澳、法、新、挪四国互相承认各自的领土要求;阿、智、英三国要求的领土互相重叠,三方坚持各自的主张,互不承认他方的主权要求;美国、苏联不承认任何国家对南极的领土要求,同时保留他们自己对南极提出领土要求的权利。这样,到20世纪40年代,上述七国已对83%的南极大陆提出了领土主权要求。由于对领土主权要求的纷争,致使南极大陆成了多种矛盾的焦点。这些矛盾的存在与发展,在客观上需要有一个多边条约以缓解各种矛盾与纷争。

中国长城站全景

86.《南极条约》是怎样产生的?

在1957—1958年国际地球物理年期间,有12个国家先后派出了上万名科学家,踏上南极洲,开展了空前规模的南极考察。从此,人们希望了解、亲近、考察和开发这块处女地的热情与日俱增。基于上述原因,又由于美国国务院对南极洲科学考察进行了重新研究,由当时的总统艾森豪威尔出面倡议,于1958年10月召开12国南极会议,着手缔结一项《南极条约》。1959年10月,12个国家在华盛顿举行了有关南极问题的正式会议。同年12月1日,苏联、美国、英国、法国、新西兰、澳大利亚、挪威、比利时、日本、阿根廷、智利和南非12个国家签署了《南极条约》。经各国政府批准后,该条约于1961年6月23日起正式生效。

87.《南极条约》的重要内容是什么?

《南极条约》的主要内容是什么呢? 它承认为了全人类的利益,南极应永远专为和平目的而使用,不应成为国际纷争的场所和对象;认识到在国际合作下对南极的科

中国南极昆仑站

学调查,为科学知识作出了重大贡献;确信建立坚实的基础,以便按照国际地球物理年期间的实践,在南极科学调查自由的基础上继续和发展国际合作,符合科学和全人类进步的利益;并确信保证南极只用于和平目的和继续保持在南极的国际和睦,以促进联合国宪章的宗旨和原则得到贯彻执行。

88.《南极条约》中对领土问题是怎样规定的?

南极洲是主权没有归属的大陆,对这个大陆制定一个条约,既要解决南极的领土和其他一些问题,又要在国际上得到认可,是十分不容易的事情。因此,只能暂时搁

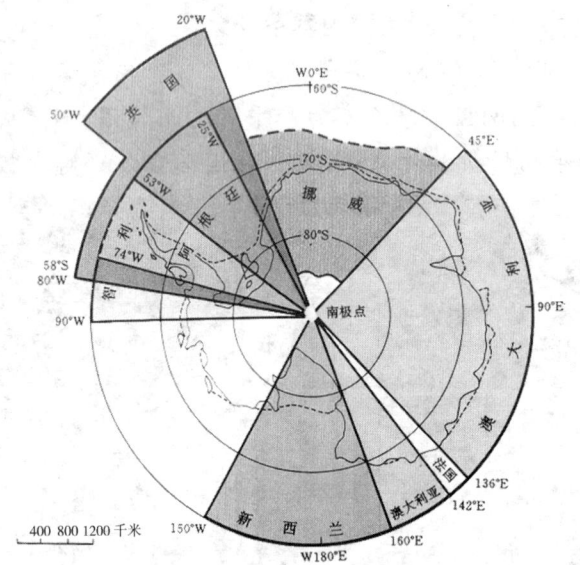

南极洲的地理方位

置领土和主权要求这一十分敏感的问题。《南极条约》中明确了对南极领土主权要求的三重权利,即:已经对南极

提出的领土主权要求的权利;已提出的对南极领土主权要求的依据的权利;不承认对南极领土主权提出的任何要求的权利。同时,还规定不得提出新的领土主权要求或扩大现有的要求。总而言之,《南极条约》实际上是冻结了对南极任何形式的领土问题,不承认也不否认对南极的领土主权要求,并鼓励南极科学考察中的国际合作。

89. 你知道《南极条约》的成员国都有谁吗?

自从前苏联、美国等12个国家首先签署《南极条约》以来,至今签约国已经有42个成员国,其中,澳大利亚、阿根廷、比利时、智利、法国、日本、新西兰、挪威、南非、英国、美国、俄罗斯、波兰、德国、巴西、印度、乌拉圭、意大利、瑞典、西班牙、芬兰、秘鲁、韩国、荷兰、厄瓜多尔、中国等

中国南极中山站

26国为协商国;而捷克、丹麦、罗马尼亚、保加利亚、巴布亚新几内亚、匈牙利、古巴、朝鲜、希腊、奥地利、加拿大、哥伦比亚、瑞士、危地马拉、乌克兰、斯洛伐克等16国为非协商国。由于《南极条约》是一个开放的体系,任何一

个国家都可以自由地加入,成为《南极条约》的成员国,因此,其成员国的数目是逐渐增长的。

90.《南极条约》协商国是怎么回事?

看到这里大家一定会问,为什么《南极条约》有协商国与非协商国之分呢？事情是这样的,有关南极事务的一切决定都是由协商国共同做出的,一般的《南极条约》缔约国并没有参加决策的权利。因此,取得协商国资格则是在南极系统中发挥作用的关键。《南极条约》规定,只有那些在南极进行诸如建立科学考察站或派遣科学考察队的实质性科学研究活动而对南极表示兴趣的国家,才能成为协商国,也只有协商国才有权参与南极事务的决策。这也是中国为什么要参加《南极条约》协商国的原因所在。

国外南极考察站的儿童

91.《南极条约》协商国的重要贡献是什么?

自从《南极条约》生效以来,《南极条约》协商国已经为保护南极的环境做了大量工作,并取得了很大的成绩。自1961年以来,对南极自然环境的保护问题也一直是《南极条约》协商国历次会议的中心议题之一。

由于南极独一无二的自然环境对人类具有双重的含义：一方面，这是地球上唯一一片尚属圣洁的大陆，它不仅为人类保存了一块处于原始状态的土地，而且也为人类记录下了地球的演化和气候的变迁等诸多极其重要的信息；而另一方面，如果南极的自然环境遭到破坏，那么人类不仅将不可挽回地永远失去这个科学研究的圣地，而且，更加严重的是，由此所引起的后果将是不堪设想的，很可能会使人类遭到灭顶之灾。正因为如此，所以南极的环境必须保护。但是，应该指出的是，保护的目的只能是为了更好地研究南极和了解南极，也只有这样，才能更好地保护和利用南极来为人类造福。

92. 我国什么时候加入了《南极条约》？

《南极条约》规定，申请加入《南极条约》应由各国根据其宪法程序进行。

1983年5月9日，中华人民共和国第五届全国人大常委会第二十七次全体会议审议了国务院在同年1月23日提请加入《南极条约》的议案，通过了加入《南极条约》的决议。同年6月8日，我国驻美大使章文晋向《南极条约》的保存国美国政府递交了加入文件。从此，我国正式成为《南极条约》的成员国。1985年10月7日，中国又争取成为了《南极条约》的协商国，从此，我国对国际南极事务拥有了发言权和决策权。

93.《南极条约》与其他国际条约的主要区别是什么？

《南极条约》与其他国际条约的最大区别，在于缔约国地位的差别上。《南极条约》的12个原始缔约国,即阿根廷、澳大利亚、比利时、智利、法国、日本、新西兰、挪威、南非、苏联、英国和美国,他们有权派代表参加《南极条约》协商会议,有表决权,是当然的协商国;而其他的缔约国,按照条约的规定,要在南极进行了实质性科学考察活动后,并经特别协商会议讨论,决定其是否具备了协商国的资格,才有权派正式代表参加协商会议,否则,没有表决权,甚至谢绝参与某些重大问题的讨论。这样,在《南极条约》缔约国中,就有了对南极事务有决策权的协商国和无决策权的非协商国之分。

94.《南极条约》体系是什么?

既称为体系,那就至少是两个以上实体分支。既然《南极条约》体系成立,那就是除《南极条约》以外,还有其他的分条约。实际上,继《南极条约》签订之后,《南极条约》协商国又先后于1964年签订了《南极海豹保护公约》,于1980年签订了《南极海洋生物资源保护公约》,于1991年签订了《关于环境保护的南极条约议定书》。《南极条约》和上述公约以及在历次《南极条约》协商会议上通过的具有法律效力的160项建议措施,统称为《南极条约》体系。而《南极条约》则是《南极条约》体系的核心和基础。

95. 南极研究科学委员会是个什么组织?

有关南极的外交活动事务是在《南极条约》的协商会议上进行的,而与南极科学研究有关的问题则是由南极研究科学委员会进行管理的。1957年9月,国际科学联合会决定邀请在南极从事科学研究活动的12个国家建立一个组织,以代替国际地球物理年特别委员会,这就是后来的南极研究科学委员会,并于1959年2月在海牙召开了第一次会议。实际上,《南极条约》中关于科学研究的国际合作方面的信息都是由南极研究科学委员会提供的。建立南极研究科学委员会的目的是为了南极系统的科学研究,它是个永久性的组织,它现在已经成为南极系统不可分割的一部分。

极地科考

南极人的生活

96. 南极考察队员吃什么？

南极没有土著居民，只有各个国家的科学家和后勤保障人员轮流生活和工作在为数不多的考察站里。在寸草不生的南极，粮食和蔬菜不可能自给自足，即便是随处可见的企鹅和海豹，也不允许随意捕杀，所以，考察队员的所有食品都必须从其他的大陆带来。由于来自各个国家的人饮食习惯不同，每个考察站的食品也有很大差别，在主食方面，欧美国家的考察站备有充足的面包粉，而中国、日本和韩国则是米面具备。我国考察站上的副食品主要有五类，第一类是相对便于保存的蛋、新鲜蔬菜；第二类是速冻食品，包括速冻蔬菜、肉类、水产品、包子、饺子、馄饨等；第三类是罐头食品；第四类是干菜，包括脱水蔬菜和黄花菜、木耳等；第五类是现场加工的副食品，比如豆腐和豆芽菜等。作为整个副食品类，总的原则是易于保存、易于加工、维生素含量丰富、蛋白质含量高且脂肪含量低、包装考究且质量好。

97. 南极副食品有什么特点？

在南极每个考察站一般都有专门的厨师，负责大家的一日三餐，但一个人要做几十个人的饭菜的确不是一件轻松的工作，所以，要求运往南极考察站的副食品，要尽量用半成品，并用塑料袋包装。禽类和水产品类要求洗净，去除内脏；内脏食品要分门别类包装；速冻蔬菜要洗净切好，花生要去壳，这一切都是为便于直接入锅创造条件，目的是为了减轻劳动强度，节约时间，而且也使考察站减少垃圾和废物。

98. 南极考察站的蔬菜从哪里来？

在南极的夏天,各国都通过破冰船和飞机对自己的考察站进行后勤补给和人员调换,所以,每个考察站都有新鲜的蔬菜。短暂的夏季一过,除个别有飞机补给的考察站可以不定期得到一些蔬菜外,多数考察站就都要自己解决蔬菜问题了。

冬季的蔬菜怎么解决呢？解决冬季食用蔬菜的方法有四种。一是尽量延长新鲜蔬菜的保存时间。在严格控制温度和湿度的条件下,像土豆、洋葱、胡萝卜一类的比较容易保存的蔬菜可以储存半年以上,有时甚至可以存放10个月。二是考察站一般备有数量较多的速冻蔬菜,在越冬的后期,速冻蔬菜是考察站的当家菜。三是随着蔬菜加工技术的进步,品种越来越多的新鲜蔬菜可以脱水保存,既保存了营养和口味,又分量轻,便于贮运。中国的南极考察站脱水蔬菜一般有大葱、姜、蒜、菠菜、小青菜等。四是可以在温室内种植一些芽菜等,比如中国的考察站在冬季可以发豆芽,还能无土栽培豌豆苗、萝卜苗和荞麦苗;俄罗斯考察站有些队员还在室内种上了西红柿呢,既美化了环境,又可一饱口福。

99. 在南极能吃到新鲜水果吗？

在南极吃水果并不是一件很奢侈的事,因为有些水果比较耐储藏,只要严格控制温度,随时挑拣出坏的,有些水果可以保存将近一年。在中国南极考察站里,夏季时由于有船舶补给,可以吃到哈密瓜、草莓、橙子、香蕉等,但冬天时这些比较"娇贵"的水果就销声匿迹了,而主

要的越冬水果是苹果。聪明的考察队员还发明了"速冻水果",葡萄、苹果、草莓等水果经速冻后味道和口感虽然比不上新鲜的,但营养价值却没有降低多少,在南极越冬的后期能吃到这些也是很难得的。

100. 什么是南极"倒蛋"?

南极"倒蛋"并不是通常所说的军事上的导弹,而是指在南极保鲜鸡蛋的一种方法。在南极,新鲜的鸡蛋没法"速冻",因为冻过的鸡蛋再化开后变得很硬,也没法"脱水",更没听说过"罐头鸡蛋",但聪明的考察队员依然有办法使鸡蛋保鲜。原来鸡蛋之所以容易坏,大多是由于蛋黄粘壳,新鲜鸡蛋长时间静置不动,蛋黄下沉,贴在鸡蛋下面的蛋壳内部,时间一长,蛋黄就与蛋壳粘连,鸡蛋就保存不了多久了。知道了这个原因,考察队员将整箱的鸡蛋每星期颠倒一次,使蛋黄不在蛋壳内的一个地方停留太久,避免了粘壳,同时使鸡蛋的储存温度一直保持在摄氏0℃~4℃,并增加环境的湿度,这样,新鲜的鸡蛋可以保存一年以上,如果存放得当,可以保证考察队员全年有新鲜鸡蛋吃。我国南极考察队员将这种鲜蛋保存方法戏称为"倒蛋"。

101. 南极建筑怎样保温?

要想在世界寒极的南极洲居住,首先要解决房子的保温问题。也许有人会说,把房子的墙加厚再加厚,保温效果就一定好。看来似乎有一定的道理,可居住在我国东北部的居民会持反对意见。因为他们深有体会,墙体再厚,无论是用砖还是用水泥,都会冻透。用科学术语来说,墙体本身就是一座"冷桥"。各国在南极洲建站,首先面临的就是解决保温中的最大障碍——冷桥。也许读者还认识不到"冷桥"的威胁和它的危害。如果有一个穿透墙体的螺栓,就会大大降低室内温度,并在螺栓的室内一端开始结霜,进而结成一个大冰坨。

经过科学工作者的实地考察和研究,逐步总结出了一系列克服"冷桥"、增加保温效果的好方法。现在,在南极的建筑中采用最多的是"夹心饼干"式的墙板。这种墙板就像夹心饼干那样,两面光滑、坚固、耐腐蚀,中间是保温材料。通常两面采用的是耐低温的薄钢板,中间夹层是经过发泡的聚氨酯。聚氨酯发泡的墙板优点是保温效果好,而且两层薄钢板与聚氨酯泡粘合牢固,加强了墙板的抗弯曲度和抗拉强度。建筑物的窗户一般开得都比较小,而且是双层玻璃,透明度高,保温性能好。

102. 南极考察站房屋怎样抵御狂风?

南极最大风速为 100 米/秒,而 12 级台风才仅有 32.6 米/秒。因此,抗风设计对南极房屋是必不可少的。在南极洲建能抗风的房,主要采取以下措施:

(1)地基要牢固。南极洲的建筑物地基最重要,地基要深,而且底面积要大,用的水泥标号要高,凝固要快。

(2)整体结构要坚固。整体结构指的是主体钢结构。有的考察站采用的是外露式钢结构,既加强了整体的坚固性,又较好地解决了结构中的冷桥问题。

(3)受风面积要小。在南极建造的建筑物,根据不同的需要可以设计出不同的高度。比如,发电机用房,一般

都比较高。因为,既要考虑到散热,又要考虑到维修的方便,它的高度一般都不低于4米。起居住房,一般都不高,各国都有各自的民族习惯,一般在2.2米～3米之间。整体房子的长度一般在30米左右,宽度在15米左右。就整体来说,这种长度具有较好的抗风能力。

103. 南极考察站房屋怎样防止被大雪埋住?

由于南极的风大,积雪多,风吹雪往往在一夜之间就可以把一座微型城统统埋掉。早在20世纪50年代,美国在东南极的威尔克斯地建立的考察站,由于建筑形式和地形选择的不当,现在已埋在冰雪之下了。为了防止遭雪埋的后果,设计人员根据风的物理特性,把房屋抬高,距地面1米～2米,这样当强风吹着雪花袭来时,风速遇到"墙"的阻挡,反而会加速寻找突破口,一部分从房子顶部席卷而去,一部分由于建筑物下有一类似通风管的通道,这样连续不断的大风就将雪从下面吹跑,房子再也埋不起来了。

有的国家的考察站,由于考察工作的需要,但又没有办法避开逐年增高的积雪,在设计时把支撑房屋的钢架变成可升高的形式,就像盖大楼用的塔吊可以调节一样,从而避免被大雪埋掉。即便这样,一场大雪或大风之后,需要用铁锹挖雪才能出门的事情在南极还是经常发生的。

104. 南极考察站用什么办法对付站区积雪?

虽然考察站建筑在设计时已经考虑了积雪问题,每个建筑物通常在不同方向开有几个出入口,有些建筑甚

南极考察站内部设施

至设有天窗,但由于南极的暴风雪非常频繁,强度大,大雪封门的事情是经常发生的。每当这时,被封住的建筑物里面的队员就会用电话求救,里外队员合力挖雪,才能把里面的队员接迎出来。在站区,由于地形和建筑的综合影响,还会形成大小不一的雪坝,它成了影响站内人员行走和车辆行驶的重要因素,因此,考察站冬季经常组织人员和车辆在雪坝上"开口子",打通交通通道。但是,事物总是一分为二的,积雪并非一点好处也没有。冬季,在化冰池边的积雪为考察站人员提供了清洁方便的饮用水;夏季,积雪的融化又为站区湖泊补充了大量的水源。

105. 南极考察站是如何取暖的?

各国南极考察站虽然在房屋保暖上下了很大力气,但房屋本身不会产生热量,需要另外安装取暖设备。由于考察站通常24小时发电,较大型的考察站一般采用室内电暖气取暖,这种方式安装和维护简便易行,可以随意控制温度,干净清洁,有时考察站的大多数电力是用在取暖方面,气温低时发电机负荷过重,使用不当还容易引发电气火灾。有些考察站采用燃油锅炉作为取暖的主要设备,类似于我国北方普通的暖气,这需要额外安装和维护取暖设备,但不容易发生电气火灾等事故,减少发电机负荷。有些小型的夏季考察站只有简易的燃气取暖设备。

106. 中国南极考察站内的宿舍有哪些设备?

中国南极考察站内的宿舍设备与国内并没有什么不同,夏季时人员较多,通常2人~3人一间房间,冬季通常每人一间。房间大小为10平方米~14平方米,内有弹簧床、沙发、茶几、写字台、椅子、立柜、床头柜、吸顶灯、台灯、电暖气、电话、收录机、烟雾报警器等,在这样不大的房间陈设这些东西以后,已经显得十分拥挤了,但居住和生活则显得非常方便。在长城站和中心站新建的队员宿舍内还安装了一个小卫生间,除了没有电视,感觉上已经像宾馆的普通客房了。

107. 中国南极考察站有哪些生活设施?

在南极,一个考察站就是一个完全独立的城镇。中国的南极考察站建有设备齐全的厨房,宽敞的大餐厅,有专门供锻炼身体的运动器械、供娱乐用的台球桌和乒乓球台,有设施较齐全的医务室,配有无影灯和各种手术器械,有可以提供24小时热水的洗澡间、公用卫生间、公用洗衣机房等。每一栋楼都有专门的更衣室、换拖鞋处,以免把室外的沙土和冰雪带进室内。考察站拥有较完善的上下水系统,打开水龙头就会有温水流出。厨房的电热水器还24小时供应开水。考察站还有完善的通讯设备,卫星电话、短波电台、对讲机、小型电话交换机和内部局

建设南极中山站

域网络等保证各种通讯的畅通。总之,中国的两个南极考察站是我国开展南极考察的基地,可以为考察队员提供较完善的生活条件。

108. 中国南极考察队员穿什么？

服装是南极考察队员在南极生活、工作的必需品。由于南极的特殊的自然环境,对服装的要求就特别高,甚至有些服装广告都以供应南极考察队来提高自己产品的档次。我国的南极考察队员在服装配备上基本的原则是轻便、保暖、经济、实用。那么,南极服装都有什么要求呢？仅就羽绒服来说,对面料的要求就很高。要求羽绒服的面料不仅具有很好的透气透湿性,而且还要有很强的抗风性能和保暖性能,价格还不能太贵。现在,我国已经能够较好地解决这种特殊面料问题,就是在结实的化纤面料之上再覆盖一层高分子膜,达到耐用、透气、防风和防水的多重效果。我们国内一般的羽绒服,羽绒含量一般在80％以下,可考察队员所穿的羽绒服的羽绒含量却在90％以上,再配上理想的面料、里料,无论在透气、抗风、保暖、透湿性能上都能适用于南极考察。

我国给考察队员发放的物品除羽绒服外,还有专用的羽绒背心、夏用考察服、工作服、工作皮鞋、雪地鞋、水靴、毛绒帽、皮帽、皮手套、墨镜、风镜等。

109. 南极考察站用自来水吗?

南极是淡水的宝库,巨大的冰盖中所包含的淡水约占全世界淡水总量的72％,但在南极取得淡水并不是十分容易的。由于南极酷寒的自然环境,绝大部分的淡水是以冰的形式存在,这就使得建立在南极内陆的考察站不得不化冰取水,虽然有取之不尽的冰块,化冰所得的水又非常干净,但要消耗大量宝贵的能源。由于冰川的作用,南极沿岸有许多湖泊,其中不乏淡水湖,建在沿海的考察站一般选择有丰富淡水资源的站址,即便是在南极寒冷的冬季,湖水结冰一般也不超过2米,2米以下仍然有丰富的淡水资源,可以解决生活用水和发电冷却用水。

中国南极长城站周围有丰富的淡水资源,站区西部和南部有三个淡水湖,分别命名为西湖、高山湖和燕鸥湖,水质良好,适于饮用。站上用水取自西湖。中国南极中山站站区西部有莫愁湖,湖水矿化度稍高,一般不用于饮用,但可以保证全年发电冷却用水;站区西南部有一个小湖,水质良好,是夏季的饮用水源,但由于水浅,冬季时水全部冻结成冰,所以在冬季中山站靠化冰雪解决饮用水。

110. 在中国南极考察站里怎样洗澡?

日常生活中,洗澡对人们来说,并非难事,可在冰天雪地的南极就不那么容易了。那么,南极人是怎么解决洗澡难这一难题的呢?中国南极考察站拥有完善的供水系统,水泵从湖中抽取淡水,用于发电机冷却,原先冰冷的湖水经过发电机热交换器之后温度提高了几十度,热水在各个建筑物之间循环流动,保证管路不被冻住,同时为考察队员提供了生活用水。在发电房设有洗澡间,也是利用这些热水,为考察队员们提供水温不低于40℃的热水,供大家随时洗澡。

111. 南极考察站的用电是哪里来的?

仅仅有了保温、抗风、耐寒的房屋是不够的,它只能

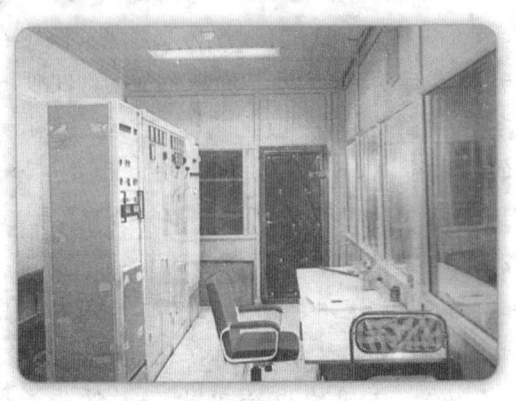

中国南极中山站发电控制室

是这座微型城市的外壳。为了能够使生活在那里的考察队员有足够的抗御自然灾害和提供探索自然界奥秘的条

件，在某种程度上说，电站就是一座考察基地的心脏。因为有了电，考察队员就有了取暖的热源；有了电，就可以沟通与外部世界的联系；有了电，就可以架起各种仪器和设备，探索自然界的奥秘；有了电，就可以使供水设备正常运转，从而保证了队员的生活。基于上述原因，各国在南极洲的考察站非常重视电站的建设和设备的选型。

112. 南极考察站的污水是怎样处理的？

为了保护洁净的南极环境，各个国家都十分重视南极考察的环境保护，1991 年，《南极条约》国签署了关于环境保护的《南极条约议定书》，对南极环境的保护作出了严格的规定。对固体废弃物、食品废弃物、化学药品废弃物及可燃性废弃物要区别对待，采取不同的处理方式，不要造成对环境的损害。《中国南极考察队员守则》中也明确规定了中国南极考察站有关废弃物和污水处理方法，考察站应定期组织队员对站区进行环境清扫，检查环境保护工作。所有的考察站都安装了自动污水处理设备，生活污水经过处理之后，达到了有关排放要求，最后排入大海。对于无法用污水处理设备进行无害化处理的化学溶液等，要收集保存，运回国内处理。

113. 南极考察站的垃圾是如何处理的？

根据关于环境保护的《南极条约议定书》的规定，各个国家的南极考察站一般都建有垃圾处理设施，主要是焚烧炉，用以处理可以进行无害燃烧的固体废弃物，也就是可燃垃圾。经过焚烧炉的高温焚烧处理，只剩下极少量的灰烬。对于考察站上不具备条件处理的废弃物、不能燃烧或燃烧时产生有害物质的塑料等垃圾,需要尽量减少体积,比如玻璃瓶要打碎,易拉罐要压扁,垃圾要妥善保管,也要靠船运回国内处理。

114. 南极考察队员在南极生病了怎么办?

南极考察站一般配备专业医生,考察队员日常疾病都会得到及时有效的治疗。由于人类已经有几十年较大规模的南极考察经验,在南极经常遇到的几种疾病大多都心中有数,每个常年考察站都设有规模不等的医务室或医疗中心,有常用的检测仪器和医疗器械,有从各自国内带去足够的常用药品,住站医生也是拥有丰富经验的医师,有些考察站还有卫星远程会诊系统,可以利用国内的人员和仪器进行诊断,协助治疗,所以考察队员的医疗是有保障的。但南极毕竟是远离文明社会的孤独大陆,一旦出现急重病症,现有设备还是不能完全满足医疗需要,有时即使集中几个相邻的考察站的医疗力量也无能为力,这也是各国对其南极考察队员事先进行严格体检的一个主要原因。所以,有一个强健的体魄,是参加南极考察的一个基本条件,同学们如果想将来参加南极考察,从现在起就要锻炼好身体啊。

115. 南极有哪些交通工具?

人类早期南极探险使用的交通工具是帆船,在南极内陆的早期交通工具有马拉雪橇、爱斯基摩狗拉雪橇、履带式拖拉机等。目前的南极考察交通工具,集现代科学技术之大成,充分体现了人类不畏艰险、探索自然的勇气和聪明才智。

就现代的南极考察船舶来说,需要具有抗冰能力的

船舶,最好是破冰船。考察船在站区附近抛锚或漂泊,依靠水陆两用车或小型驳船运输货物,考察队员也可乘这些运输工具上岸;许多国家利用船载直升机吊运货物,装载人员;美国、俄罗斯、智利等国家还利用大型固定翼运输机运送人员和物资。

南极考察站上配备的交通工具主要有越野吉普车、吊车、卡车、推土机、挖掘机、履带式雪地摩托车、轮式雪地摩托车、大型雪地车等。在南极度夏期间,较长距离的考察会由直升机把这些队员送到指定地点,工作完成后

南极内陆考察车队

再接回。冬季外出考察的主要交通工具是雪地摩托车、大型雪地车。利用雪地摩托车外出考察,配上小雪橇,装上设备,再把采集到的标本拉回来,既可代步,又解除了肩扛之苦,提高了效率;雪地车是专供长距离考察使用的,该车在零下50℃的情况下启动自如,两侧的轮子由履带代替,每侧履带宽1.3米,可避免车辆陷进雪里,再加上有公共汽车式的车厢且配有暖气,很适用于集体外出考察时使用。如果需要进行大规模内陆考察,还可以连接上若干个特制的雪橇车厢,犹如列车一样;这些被拖拽

的雪橇车厢是根据考察的需要配备的,有科考车、燃料车、厨房和餐车、宿营和备件车等。

116. 在南极使用哪些通讯设备?

在南极,通讯器材的使用一直紧随世界通讯最新发展潮流,考察队员使用的是当今最先进的通讯工具,但与我们平时使用和看到的还是有些不同,普通的移动电话(手机)在南极是看不到的。南极考察站通常安装小型电话交换机,在考察站内部一般使用普通电话进行联系;队员在考察站周围不太远的地方考察时,互相之间和与考察站之间一般使用手持对讲机;当活动范围大于20千米时,

四轮雪地摩托

车载高频电话是最为适宜的;而几十千米以上的通讯联系则需要依靠小型短波电台,深入内陆冰盖考察的车队还需要便携式卫星电话,与短波电台互为备用和补充,以保障通讯联络的随时畅通。

考察站之间和考察站与各自国家之间的通讯一般依靠海事卫星电话,可以通话、收发传真和电子邮件,有时使用短波电台以节约成本和作为备用通讯手段。随着通讯技术手段的进步,现在大多数南极站可以通过卫星线

路接入互联网,大大方便了科研和队员生活。

117. 南极有什么特有的节日?

说起南极,的确是与众不同的,连过节都与其他的大陆有区别。在南极,最隆重的节日不是元旦、圣诞节、春节和其他大家熟悉的节日,而是几乎不为人所熟知的"仲冬节",这是南极特有的节日。经过几十年的南极考察,各国在南极的常年考察站有一个约定俗成的节日,这一

在南极欢度仲冬节

天是每年的6月21日,它是所有生活在南极的考察队员的节日。由于这一天是北半球的夏至也是南半球的冬至,过了这一天,南极也像南半球其他地区一样,黑夜将与日递减,白天将与日俱增,这就是之所以要定这一天为"仲冬节"的原因之一。毫无疑问,这一天预示着一年中最黑暗、最难熬、最困难的时期将要过去,光明就在眼前了,这就是"南极人"专有节日的原因,也是各国在南极的考察队员为什么要当成盛大节日庆祝的根本原因。每当

这个节日将要来临前，各国南极考察站都要通过电波互发贺电。两站距离近的，就相互发出邀请，约定好走访时间。每个考察站都要精心布置一番。准备好演出的服装、道具，还要准备好各种食品、点心、糖果、礼品，要非常隆重地庆贺一番。在考察站比较集中的地区，各考察站还要进行"大串联"，共同欢庆南极人特有的节日——仲冬节。

118. 你听说过南极考察站的火灾吗？

由于南极大陆十分干燥，取暖和科学研究又使用着大量的电气，发电机的用油和科学考察用的易燃化学药品都是导致火灾的隐患，所以考察站的防火就成了一个重要的问题。在南极考察站的房屋一旦失火，要想扑灭是很困难的，失火后，又会给考察站的工作和考察队员的生活带来极其严重的影响。前苏联东方站、日本昭和站、阿根廷马兰比奥站、澳大利亚凯西站等，都发生过严重火灾。在1987年7月的一天夜里，智利马尔什基地新建成的一栋队员宿舍因火灾而被烧光，烧死1人，烧伤5人，损失惨重。那场火灾发生时，周围的友邻站，如前苏联别林斯高晋站、中国长城站的队员都赶往救火，但无济于事，因为没有足够的水，只能帮助抢救队员、物资和防止火势向四周蔓延。2008年10月5日，俄国南极进步二站因电线老化短路引起大火，不仅烧毁主建筑，一名考察队员也因此丧生。目前，各国考察站从设备到建筑都采取了防火措施。一方面建筑材料要尽可能使用防火材料，或经防火处理的材料；另一方面房屋要分群建立，错落有

致；易燃的油库、化学药品和实验室要与居住区隔离 50 米～100 米以上，这样一旦一处失火，不致殃及其他建筑。同时，考察站建有防火警报系统，考察队员也经常进行消防演练。

119. 南极建筑本身怎样防火？

在南极，防火问题是各个考察站的一件重要事情，南极考察站的建筑本身就体现了对防火的重视。南极考察站一般不建造大型建筑物，每个建筑物之间要有合适的防火间隔，以免发生"火烧连营"的惨剧。就建筑墙板的材料来说，内外钢板是不燃的，可是聚氨酯泡沫是易燃的，燃烧后还会产生大量的有毒气体。如何使中间这种材料不易燃、甚至阻燃呢？经过研究人员的研究，在工厂填充发泡时，在聚氨酯中加入一定量的阻燃剂，既不影响质量，又能达到阻燃的目的。经我国加工制作的这种墙板，阻燃效果非常明显，即使用明火助燃聚氨酯泡沫，当助燃物一离开，聚氨酯泡沫立即熄灭。可能有人会问，考察站的其他物品都是阻燃的吗？当然不可能全部做到阻燃，但各国都相继注意到了这一点，使更多的阻燃用具、物品出现在南极科学城。如我国的考察站，在壁纸的采用上、地板的选材上、门窗的制造上、地毯的选购上等等都是经过特殊加工制作的，内墙的隔板、天花板采用石膏制作，很多物品用 1200℃ 的喷灯去喷烧都不会起明火。为什么如此严格呢？道理很简单，就是为了避免意外起火造成无可挽回的损失。

120. 在南极怎样收听新闻广播？

在南极想要收听到较高质量的广播,需要有专业的通讯器材。最好的设备就是考察站用于同外界联系用的大型专业短波电台,从远离南极大陆的地方发射出的短波无线电信号,虽然经过电离层的多次反射,信号已经非常微弱,但大型的天线仍然可以把它捕捉到,还原成清晰

中国南极长城站室内布置

的广播信号。一般队员想在宿舍内随时收听新闻广播就不太容易了,一般要有一台质量不错的短波收音机,还要在宿舍的房顶上架设总长几十米的电线当作接收天线,在下午和晚间才可以收听到新闻广播,但受电离层影响,广播信号并不十分稳定,声音时好时坏,但总算是可以稍微摆脱与世隔绝的孤独感了。

121. 在南极怎样与家人联系？

虽然相隔万里,我国的南极考察队员同家人却可以随时保持密切的联系。在中国南极长城站,由于邻近的

智利站有时有"大力神"飞机起降,考察队员们甚至可以收到家信!只是信件在路途上要耽搁几个月的时间。长城站和中山站的考察队员可以通过短波电台与国内的亲人通话,因为通话效果受电离层的影响较大,有时双方听不很清楚;最快捷、方便的通话方式是使用卫星电话,通话有保证,声音清晰,感觉同普通的电话没有什么大的区别,只是声音稍微有些滞后,但是通讯费用非常昂贵,每分钟大约要几十元人民币。随着卫星通讯和互联网技术的发展,"雪龙"号船上已经安装了通过卫星线路的电子邮件系统,在长城站和中山站两站也已安装,考察队员可以通过快捷、方便和低费用的电子邮件方式同国内的家人联系了。2008年,长城站和中山站又安装了卫星数字专线,队员们已经可以在宿舍里自由上网。

122. 从南极回来的人为什么易患病?

在南极洲越冬的人员,需要在那里工作、生活长达一年之久,他们可算是南极的长期居民了。那里环境恶劣,工作艰苦,生活单调而枯燥,然而,考察队员们却很少患感冒和其他传染病。只有在每年的南极夏季,新队员由其他大陆带去病菌,才使得越冬队员传染上感冒。即使这样,也没有其他大陆上患感冒的病态,一般不发烧,只是流清鼻涕,并很快就会痊愈。

在南极进行施工建站,队员不慎划破手指或遇到其他轻外伤时,医生简单处理一下伤口就行了,不必担心伤口感染得破伤风。据医学专家考证,在南极即使患有其他疾病,治疗所用的药物剂量也比其他大陆要少,而且好得也快。

为什么会出现这些情况呢？回答很简单，南极洲是地球上唯一没有受到污染的大陆。在整个南极洲，除了几十个常年考察站和100多个夏季站以外，没有工厂、矿山，没有繁华热闹、车水马龙的城镇，所以，也没有其他大陆上的现代化工业的污染，加上南极洲气候酷寒，持续低温，传染疾病的蚊、蝇和细菌无法在这里生存和繁衍，南极空气中的微生物含量也少到用仪器都难以检测出来，所以，南极缺少使人患传染病的病原体，考察队员在南极少有感冒等传染病发生。长期处于这种超洁净的环境中，会使人对病毒等致病微生物的抵抗力下降，考察队员一旦离开南极，返回其他大陆，一时难以适应众多致病微生物的侵袭，所以从南极回来的人，特别是越冬回来的队员特别易患重感冒等传染病。

123. 在南极为什么不允许饲养动物？

日常生活中，有的人特别喜欢饲养动物，如小猫、小狗、小兔等，那么，在南极却不允许这样做。这是为什么呢？因为轻率地从外地引进当地没有的动植物，会造成当地生态系统的破坏，对此，人类已经有了太多的教训。人们现在已经意识到，南极脆弱的生态系统禁不住人为的破坏，而这种破坏有可能来自于被人类从其他大陆带到南极的动物。根据南极的有关条约，禁止从其他地方将动物带到南极，当然也就不能在南极饲养动物了。试想一下，如果把北极熊带到南极，那里所有的海豹都将遭受灭顶之灾，如果哪一个考察站饲养的狗跑到野外生存

下来,所有的企鹅都会成为它的美餐,那南极的生物面貌就会有极大的改变,南极也就不是现在的南极了。

124. 怎样在南极的海冰上钓鱼?

当南极的冬季刚刚到来的时候,海面上结了几十厘米厚的海冰,这正是冰上垂钓的最佳时机,因为海面上是冻结初期的海冰,所以承载强度大,人员不会掉下冰海,而刚刚冻结的冰厚度不大,又可以方便地用冰钻打透。冰钓时,考察队员们穿上暖和的衣服,来到水深不大的海域的冰面,先用冰钻将海冰钻透,再下钩,然后就等着收获吧!冰上钓鱼不需要任何技巧,也用不上鱼竿,只要在鱼钩上穿上小块的肉,连线放入冰洞就行了。南极的鱼很"傻",可能祖祖辈辈都没有见过鱼钩是什么东西,见肉就吃,很容易上钩,即便一次拽钩没上来也不要紧,它一定还在水下等着呢,只要再把钩放下去就会把它钓上来!由于区域的不同,南极所钓上来的鱼大小相差很大,在长城站附近的鱼体形大,而中山站附近的鱼要小得多,好在这些鱼都味道鲜美,可以让吃惯冷冻食品的考察队员们尝到新鲜的食品,也给越冬的人们带来了乐趣。

钓鱼

125. 你听说过冰上足球赛吗?

有些球迷朋友非常向往在绿茵场上一展身手,可在冰天雪地的南极连根草都不长,哪里有像内地一样的绿油油的足球场呢?但是,为了过一下球瘾,南极人自有自己的妙法。这就是举行冰上足球赛,这恐怕是世界上场

南极冰上足球赛

地最奇特的足球比赛了。在我国南极中山站,曾经举办过一场别开生面的冰上足球赛。那是极夜刚刚过去的时候,考察队员推举出两名足球队长,由他们分别招募队员,组成了两支足球队,比赛场地选择在离站不远的一块表面平坦的海冰上!比赛之前,队员们用小冰钻在海冰上钻洞,插上角旗,支起球门,再用水灌入冰洞,把竹竿冻结在冰上,形成了一个规矩的冰上小球场。一切都按照正式比赛的规程进行,双方队员奋勇拼抢,精彩纷呈,场上裁判秉公执法,场下拉拉队呐喊助威,鼓乐齐鸣。最后,得胜的队伍获得的奖励是一大筒约几千克的奶油冰淇淋,而另一方的队员只能眼巴巴地看着,暗暗下着决心,盼望今后比赛能够反败为胜。

126. 南极考察队员能够经常看到企鹅吗?

虽然南极是企鹅的乐园,企鹅的数量也非常多,但在南极也不是经常能够看到企鹅的。企鹅的生活很有规律,只有在它繁殖和换毛的季节,才可以在南极沿岸看到为数众多的企鹅。在中国南极长城站和中山站周围,都有企鹅的聚居区,在它们繁殖的季节大量聚集,有时,好奇的企鹅还会光顾考察站"参观"一番呢。每年初冬,中山站极光观测房旁边都会有一小群换毛的阿德雷企鹅在风雪中静静地站立着,直到新毛长出才离开,非常可爱。

金图企鹅

127. 你有南极纪念封吗?

虽然南极纪念封是很珍贵的,但现在想要得到一张这样的纪念封并不难。有许多参加南极考察的国家发行南极题材的邮票,我国也不例外。我国现在已经发行了两枚与南极有关的邮票,中国南极考察队每年也都印制南极考察纪念封,纪念封由考察队带到南极,加盖南极长城站或中山站邮戳后再带回来,用以满足广大集邮爱好者的要求。每次印制的南极纪念封都与中国当年的南极考察活动内容有关,图案以考察站、考察船、冰雪和企鹅为主,每年1套,每套1张到4张不等,从1984年开始,至今从未间断,成为邮品中引人注目的具有纪念意义的珍贵纪念封。

128. 南极考察队员有哪些娱乐和体育活动？

越冬考察的南极考察队员经常要在南极呆一年以上，除了完成本职工作，休闲娱乐是各国队员们必不可少的生活内容。南极考察站没有我们常见的舞厅、电影院、健身中心、游泳池等，但休闲娱乐设备确实是必不可少的。规模稍大的考察站建有影视厅，定期为队员们放映电影或录像，个别考察站甚至还有体育馆。一般每个考察站都配有台球桌、乒乓球台等室内运动设备，有跑步机、健身器材等运动设备，扑克、棋类是各国南极考察队员非常喜爱的娱乐活动，如果天气好，考察队员还可以到室外进行足球、排球、羽毛球比赛。中国队员在越冬期间的体育和娱乐项目主要有读书、看录像、扑克、象棋、围棋、乒乓球、足球、台球、器械健身等，我国特有的麻将牌也是中国考察站里一直流行不衰的娱乐项目。

129. 考察船经过赤道要举行什么活动？

南极考察船经过赤道时，要全船举行过赤道的庆祝活动，这是航行中最隆重的一项狂欢活动。按照国际上各国海员的"惯例"，当船通过赤道时，海员们都要虔诚地祭海神。这是从中世纪遗留下来的"惯例"。传说海洋中存在着许许多多、大大小小的神仙，而它们的总头目就是尼普顿，在古希腊神话中叫波塞冬。虽然现代海员中的迷信思想少多了，但这一古代的活动一直延续到现在。只不过今天的海员不再是把最好的食品和美酒抛向大海，向海神王进贡了，而是逐渐演变成由人来扮演海神王和诸妖魔鬼怪,船员、考察队员和它们一起联欢。当狂欢到一定程度时,还要用扫帚、拖把来驱赶海神王及众妖下海,预示着未来航行平安无事。

考察船过赤道时船员跳舞狂欢

当考察船经过炎热而风平浪静的赤道时,船长会长时间拉响汽笛,而船也会转向,沿着赤道航行一小段时间,这样,船只的两侧会分属南北两个半球,考察队员和船员用手头上可以找到的任何东西做道具,带上自制的吓人的面具,跳起了令人捧腹大笑的舞蹈,时而身在北半球,时而又来到南半球,这情景是不是很奇妙呀?更重要的是,此时每人还会得到1张由船长签名的穿过赤道的纪念证书,这可是千金难买的呀。

130. 中国南极考察队员可以离站外出吗?

中国南极考察队员不能随意离站。由于南极特殊的自然环境,各国都对自己队员的离站和野外考察作出安全规定。我国南极考察站考察队员离开站区或进行野外考察,必须经站长批准,3人以上同行。若需使用交通工具,应提前向站长申请,以便统一安排。野外考察要携带有效的通讯设备及必要的野外用具、服装。要注意保暖。

野外考察

乘坐水上交通工具时，必须穿戴救生衣。野外考察所产生的废弃物，应带回站上处理。在野外考察期间，应定时同站上联系，如遇特殊情况，要及时向站上报告。正是由于制定并严格遵守这些安全规定，我国至今未发生严重的人员伤亡事故，这在参与南极考察的几十个国家中也是不多见的。

极地科考

南极生物奇趣

131. 南极生物为什么不怕冷？

生存于南极洲种类不多的生物，有着奇特的环境适应能力，主要表现在耐黑暗、抗低温、耐高盐、抗干燥等方面。在漫长的极夜里，南极洲的生物主要通过变换自身的颜色、改变代谢方式、休眠等办法求得生存。在维多利亚地的一个淡水湖里，有一种"湖藻"能忍受 4 个月的极夜，在极夜来临前，它能充分利用白昼的阳光，高效率

地进行光合作用，合成大量的有机物，这些有机物除供它生长发育外，还将剩余部分排到体外，贮存在它生活的水环境中。在极夜期间，它停止光合作用，并吸收它释放出来的有机物，维持最低限度的代谢，维持发育生长。有一种名叫"轮虫"的生物，它可以不吃不喝地休眠 4 个月，度过漫长的极夜。还有一种名叫"冰雪藻"的生物，有阳光时，它变成绿色，黑暗时变成蓝绿色，依靠这种变换，吸收不同波长的光进行光合作用而生存下去。

南大洋鱼类的抗低温本领，早为人们所熟知，南极鳕鱼抗冻蛋白的发现，揭开了南大洋鱼类抗低温的秘密。因为，抗冻蛋白能降低鱼类血液的冰点，使它们在低温下

不冻结,现在人们正依照鳕鱼抗冻蛋白的结构,人工合成抗冻剂,用于医学和日常生活。某些南极鸟类,还具有同一躯体两种体温的特性,有人测得南极海鸥双爪的温度只有0℃,而身体其他部位的温度却为32℃。这样,当它站在冰上栖息时,就缩小爪与冰之间的温差,以减少体温的散失。独特的南极环境,孕育着奇特的生物,造就了生物的多种适应性,为科学家研究生物的进化和适应能力,开辟了广阔的天地。

132. 南极冰雪中有没有生物?

从表面看,南极大陆周围的海冰非常洁白干净,一尘不染,如果你看到在海冰上钻取的冰芯或是看到破冰船翻起的海冰,就会发现海冰中间是黄褐色的,这是为什么呢?原来,南极大陆周围的海冰中间,生活着大量的藻类,即便是在南极寒冷的冬季也进行着光合作用。但你知道吗?在终年严寒的大陆深处,甚至在几千米厚的冰雪之下,仍然存在着顽强的生命!最近,俄罗斯南极考察站的科学家从南极冰下3500多米处钻取到了一些生物。科学家利用一种专用微生物钻探装置取得了南极超深度冰层样品。冰层样品在严格消毒和密封的容器中融化,研究人员在融化的冰水中发现了具有生命形式的细菌、硅藻、酵母、菌类。令科学家惊奇的是,这些富有生命力的有机体竟能在3500多米深的冰层里生存。科学家相信,对于这些生命物质的研究将有助于人们了解南极冰层深处的生态环境,从而进一步发现南极冰下不为人知的一面,为进一步揭开南极奥秘提供了重要帮助。

133. 南极有开花植物吗？

遍地鲜花的草地是人们经常会看到的赏心悦目的景象，南极洲不但没有这样的美景，就连开花植物也是不多见的。开花植物是南极洲的稀有植物，仅分布在南极半岛北端和南极大陆周围的海洋性岛屿上。地球上开花植物的南界约在南纬64度，南极半岛的北端和某些岛屿刚刚越过了"开花植物线"。南极现有的三种开花植物都是草本，一种是垫状草，另两种是发草属植物，其形态近似于禾本科植物，叶狭长，脉平行，有节，小穗状花序。它们对南极环境有一定的适应能力，生命周期和花期长，属多年生，有人企图将它们从南极半岛移植到英国的哈利站，但没有成功。

南极地衣

134. 南极有几种企鹅？

世界上约有20种企鹅，全部分布在南半球，以南极大陆为中心，北至非洲南端、南美洲和大洋洲，主要分布在大陆沿岸和某些岛屿上。南极企鹅有七种，它们是：帝企鹅、阿德雷企鹅、金图企鹅（又名巴布亚企鹅）、帽带企鹅（又名南极企鹅）、王企鹅（又名国王企鹅）、喜石企鹅和浮华企鹅。这七种企鹅都在南极辐合带以南繁殖后代，其中前四种在南极大陆上繁殖，后三种在亚南极的岛屿上繁殖。

135. 南极有多少只企鹅？

南极企鹅的种类并不多,但数量相当可观。为了得到它们的有关数据,鸟类学家们花了相当长的时间进行认真的观察。据长期观察和估算,南极地区现有企鹅近1.2亿只,占世界企鹅总数的87%,占南极海鸟总数的90%。这些企鹅中数量最多的是阿德雷企鹅,约有5000万只;其次是帽带企鹅,约300万只;数量最少的是帝企鹅,约57万只。

136. 南极企鹅有什么共同特征？

从形态上看,南极企鹅基本上是一样的,整个身体如梭,呈流线型,背披黑色的"燕尾服",腹前穿着白色的"衬衫",翅膀演化成鳍形,短小的双腿,趾间像鸭子的脚一样有蹼,尾巴又短又小呈扇面形。企鹅行走起来摇摇晃晃,步履蹒跚,速度非常慢。一旦遇到意外袭击,企鹅就采取腹部着地,趴在雪地上,用尾巴当舵,用两脚和两个翅膀来划行,可与人奔跑的速度相比。一旦跳到海里,就如鱼得水一般,时速可达40千米左右,而且还可以从水中跳

阿德雷企鹅

出,有时能跳出水面近2米的高度。所有的南极企鹅都是受保护的,不用说随意捕捉,就是过分靠近它们的栖息地,惊扰了企鹅也是不允许的。

137. 南极企鹅有什么生活习性？

企鹅是海洋鸟类,虽然它们有时也在陆地、冰原和海冰上栖息。在企鹅的一生中,生活在海里和陆上的时间约各占一半。

企鹅不会飞,善游泳,以海洋浮游动物,主要是南极磷虾为食,有时也捕食一些乌贼和小鱼。企鹅的胃口不错,每只企鹅每天平均能吃0.75千克食物。因此,企鹅作为捕食者在南大洋食物链中起着重要作用。企鹅在南极捕食的磷虾约3300万吨,占南极鸟类总消耗量的90%,相当于鲸捕食磷虾的一半。

企鹅的栖息地因种类和分布区域的不同而异,帝企鹅喜欢在冰架和海冰上栖息;阿德雷企鹅和金图企鹅既可以在海冰上,又可以在无冰区的露岩上生活;在亚南极的企鹅,大都喜欢在无冰区的岩石上栖息,并常用石块筑巢。

企鹅喜欢群栖,一群有几百只、几千只、上万只,最多者甚至达10万～20多万只。在南极大陆的冰架上,或在南大洋的冰山和浮冰上,人们可以看到成群结队的企鹅聚集的盛况。有时,它们排着整齐的队伍,面朝一个方向,好像一支训练有素的仪仗队,在等待和欢迎远方来客;有时它们排成距离、间隔相等的方队,如同团体操表演的运动员,阵势十分整齐、壮观。

138. 企鹅也有脾气吗?

企鹅的性情憨厚、大方,十分逗人。尽管企鹅的外表道貌岸然,显得有点高傲,甚至盛气凌人,但是,当人们靠近它们时,它们并不望人而逃,有时好像若无其事;有时好像羞羞答答,不知所措;有时又东张西望,交头接耳,唧唧喳喳;有时又好奇地走近南极考察队员,围成一圈,似乎要把人仔仔细细看个明白。那种憨厚而带有几分傻劲的神态,真是惹人发笑。也许,它们很少见到人,是一

企鹅

种好奇的心理使然吧。当然,企鹅因种类的不同,性格也有差异,一般来讲,体形越大的企鹅,性格看起来越温顺,而体形较小的企鹅警惕性颇高,一般不让人过分靠近。

企鹅在岸上遭受攻击时，脾气就大不一样了，它们会发挥群体的优势，许多只企鹅同心协力，用尖嘴和有力的翅膀将入侵之敌赶走。

139. 世界上最大的企鹅是哪一种？

帝企鹅又称"皇帝"企鹅，是南极洲最大的企鹅，也是世界企鹅之王，它已经成为南极的象征性动物。帝企鹅身高一般1.20米，体重可达40千克～50千克。它的形态特征是脖子底下有一片橙黄色羽毛，向下逐渐变淡，耳朵后部最深，全身色泽协调，庄重高雅。帝企鹅在南极严寒的冬季冰上繁殖后代，雌企鹅每次产1枚蛋，雄企鹅负责孵蛋。其次是与帝企鹅外观非常相似的王企鹅（又名国王企鹅），王企鹅身高一般在90厘米左右，体重12千克左右。

140. 阿德雷企鹅是怎样得名的？

阿德雷企鹅又称阿德利企鹅，是南极分布最广、数量最多的企鹅，身高通常为45厘米～55厘米，体重大约4.5千克，眼圈为白色，头部呈蓝绿色，嘴为黑色，嘴角有细长羽毛，腿短，爪黑，在岸上遇到危险时，会像公鸡一样将颈部的羽毛竖起，使自己看起来比实际体积要大一些。阿德雷企鹅的名称来源于南极大陆的阿德雷地，此地是1840年法国探险家迪·迪尔维尔以其妻子的名字命名的。阿德雷企鹅的繁殖季节在夏季，雌企鹅每次产2枚蛋，雌企鹅孵蛋，孵蛋期为2个月，通常只有一只小企鹅成活，小企鹅2个月后即可下水游泳。

141. 金图企鹅有什么特点？

金图企鹅又名巴布亚企鹅，身高56厘米～66厘米，成年企鹅体重约5.5千克。近年来又发现了2个亚种，即北方种和南方种，其身高、体重和形态略有差异。金图企鹅嘴细长，嘴角呈红色，眼角处有一个红色的三角形，显得眉清目秀，潇洒风流。雌企鹅在南极的冬季产蛋，每次2枚，雌、雄企鹅轮流孵蛋，先雄后雌，每隔1天～3天换班一次。孵蛋期较长，达七八个月。雏企鹅发育较慢，3个月后才能下水。

金图企鹅

142. 为什么帽带企鹅又被称为警官企鹅？

南极帽带企鹅身材不高，也不好管闲事，却因脖子底下有一道黑色条纹，配上同样的头顶毛色，就像海军军官的帽带，显得威武、刚毅，被人称之为"警官企鹅"。

帽带企鹅身高43厘米～53厘米，

帽带企鹅

体重4千克左右。生殖季节在冬季，雌企鹅每次产2枚蛋,孵蛋由雌、雄企鹅双方轮流承担,先雌后雄,雌企鹅先孵10天,以后每隔二三天,雄、雌企鹅轮流换班。雏企鹅2个月后即可下水游泳。

143. 喜石企鹅真的喜欢石头吗?

喜石企鹅真的喜欢石头。喜石企鹅是冠企鹅中的一种,身高44厘米～49厘米,体重约2.5千克,是南极企鹅中最小的一种。它喜欢栖息于石块、卵石密布的山坡及高地和海滩,衔石、啄石、玩石似乎是它的本能和习惯,用石头筑巢更是它的拿手好戏。有趣的是,就连它求爱时也是向对方赠送一块漂亮的小石子,用作定情的礼物呢。

144. 哪一种企鹅长得最漂亮?

南极有一种企鹅,身高45厘米～55厘米,体重4.6千克,它的明显特征是眼睛上方的头部有两簇金黄色的羽毛,嘴粗而短,眼球呈橘红色,看上去好像古戏中的武将:它身披黑色开襟风衣,内着白色战服,一副挎刀跃马的姿态。这就是被称为长得最漂亮的浮华企鹅。

145. 企鹅为什么不怕冷?

企鹅能在南极落户,并在那里生儿育女,一代一代繁衍下去,成为冰雪世界的永久居民,这确实是生物界的一大奇迹。特别是帝企鹅能在南极的冬季繁殖,更是生物界的一大壮举。登上南极大陆的人们,无不为之感叹万分。

那么,企鹅为什么有这种惊人的抗低温的本领?它有什么特殊的形态构造和特异生理功能呢?这些都是令人感兴趣的问题。科学家早已对此进行了研究,然而这个谜并没有完全被揭开,只是略知一二。

帝企鹅

企鹅具有适应低温的特殊形态结构和特异生理功能。企鹅身披一层羽毛,仔细看来,这一层羽毛可以分为内外两层,外层为细长的管状结构;内层为纤细的绒毛。它们都是良好的绝缘组织,对外能防止冷空气的侵入,对内能阻止热量的散失。绒毛层能吸收并贮存微弱的红外线的能量,作为维持体温、抗御风寒之用。企鹅体内厚厚的脂肪层有3厘米～4厘米,特别是那些大腹便便的帝企鹅,脂肪更厚,脂肪层是企鹅活动、保持体温和抵抗寒冷的主要能源。企鹅怀卵和孵蛋时,不吃不喝,就是靠消耗自己的脂肪层来维持生命的。雄企鹅孵蛋时,脂肪层会消耗90%。

146. 企鹅如何"换装"?

维持低代谢水平是企鹅适应低温的一种生理功能。科学家为了阐明企鹅的代谢率,测定了在不同温度下企鹅吸收氧气和呼出二氧化碳的量。结果表明,在零下23℃至零下25℃的温度范围内,企鹅所消耗的能量几乎恒定。

企鹅是温血动物,体温恒定,一般保持在37℃左右,但是有时会产生同体异温的现象,即身体的温度比脚的温度高,这是防止体温散失的一种适应能力,因为脚通常站在温度较低的冰雪上,脚的温度低,可降低热量散失的速度。

更有趣的是,企鹅一年一度更换羽毛,也是适应环境的措施之一。大约在每年9—10月,企鹅开始脱毛,它的脱毛方式也很别致,新毛不断长出,把旧毛顶掉,当旧毛脱光时,新的羽毛业已长齐,冬季也就来临了。企鹅的这种逐渐更换羽毛的方式,比一次性脱旧换新优越,避免了因脱换羽毛而冻死的危险。

147. 企鹅是怎样孵蛋的?

在一般人的印象里,鸟类是由雌鸟完成孵蛋任务的,有时雄鸟根本不参加孵蛋和抚育后代的工作。但在自然环境极端恶劣的南极洲,养育后代不可能由雌企鹅单独完成,于是,企鹅"爸爸"就承担了孵蛋的艰巨任务,成为鸟类中不可多得的"模范丈夫"。

南极在4月份开始进入冬季,帝企鹅便上岸寻找安

家的宝地,它们一边走,一边追逐、嬉戏,谈情说爱,寻找配偶,过起家庭生活。雌企鹅在5月份左右产蛋。帝企鹅每次只产1枚蛋,其他企鹅每次产2枚蛋。企鹅每年繁殖一次,雌企鹅产蛋后,就暂时完成任务了,雌企鹅在产卵过程中消耗了大量的体能,早已饥肠辘辘了,于是不顾一切地奔向海边去觅食。孵蛋的重任便交给了雄企鹅。

帝企鹅的耐寒能力超出人们的想象,但想要在零下40℃的条件下孵出小企鹅,可不是件容易的事。帝企鹅蛋不能直接放在地面或冰面上,否则就会把未出世的企鹅"宝宝"冻坏的,于是企鹅"爸爸"双脚并拢,用嘴把蛋滚到脚背上,其目的就是不让蛋直接接触地面。然后,充分利用大腹便便的好处,用腹部的皱皮把蛋盖上,如同一床羽绒被一样,给未来的小宝贝制造出一个温暖舒适的窝。成千上万的雄企鹅,为了保暖,背风而立,肩并肩地排列在一起,一动不动,不吃不喝,一心一意地孵蛋。大约60天之后,雌企鹅吃饱喝足,膘肥体壮,准确地找到它的"丈夫",这时,小企鹅才刚刚出世。雌企鹅接过养育后代的重任,用它在胃中储存的营养物质喂养企鹅"宝宝"。这时,骨瘦如柴、精疲力尽的企鹅"爸爸"放下重担,奔向大海,去寻找美味的南极磷虾。

但是,并不是所有的企鹅都是由雄企鹅孵蛋。比如,在南极地区数量最多、分布最广的阿德雷企鹅的产卵、孵蛋时间是在夏季,雌企鹅每次产2个蛋,然后就把蛋交给"丈夫",自己下海觅食。雄企鹅接过蛋后,认真守护,直到雌企鹅吃饱喝足返回后,才开始由雌企鹅正式孵蛋,孵蛋期一般需要2个月左右,每次通常只有一只小企鹅能够成活。也就是说,阿德雷企鹅是由雌企鹅完成孵蛋任务的。而另一种叫金图企鹅的同帝企鹅一样,产蛋期也是在冬季,所不同的是,金图企鹅的孵蛋任务是先雄后雌,执行的是夫妻换班制,每隔1天~3天换班一次。因为金图企鹅的孵蛋期长达七八个月,而不像帝企鹅孵蛋期才2个月,忍一忍就挺过去了。在长达七八个月的时间里,不换班是坚持不住的。

148. 你知道企鹅也有幼儿园吗?

幼儿园是社会的产物,应该是在只有人类社会发展到一定程度后才产生的,但在南极的企鹅社会中,也有企

帝企鹅幼儿园

鹅"幼儿园"。开始,这让人们觉得非常有趣,细细一想,又觉得合情合理,这是企鹅对抗南极严酷的自然环境的

发明创造,更有利于企鹅群体的繁衍生存。

很多去过南极的人,都看到过几只大的帝企鹅周围有很多的小企鹅,几只大的帝企鹅俨然像警惕的哨兵一样,左顾右盼地观察着周围的一切。这种情况的出现,往往是在小企鹅孵出1个月以后,自己已经能独立行走、开始游玩的情况下。它们的父母为了给小企鹅更多的营养,要去寻觅更多的食物,同时也为小企鹅尽快地成长,使小企鹅学会自立,就把它们交付给几只大企鹅看管,这样,就形成了企鹅"幼儿园"。"幼儿园"的小企鹅有时会受到贼鸥的侵袭,此刻,负责看护的大企鹅就会发出求救信号,招呼邻居前来增援,对来犯之敌群起而攻之。大多数小企鹅很听话,但也有个别不守纪律的小企鹅到处乱跑,这时,负责看管的大企鹅就会用它尖尖的嘴啄一下乱跑的小企鹅,让它归队。那些小企鹅非常活泼可爱,耐心地等待着它们的父母来接它们,它们的父母回来之后会从叫声中准确地判断出自己的儿女。一般来说,小企鹅从生下来3个月左右就可以远离父母,开始独立生活了。

149. 企鹅能游多快?

企鹅不是鸟但会"飞",它在海里的游动速度1小时可达20千米~30千米。为了减小前进阻力,企鹅经常在快速游动时跃出水面,与大家所熟悉的海豚跃出水面的动作有些相似。南极的海冰边缘经常是陡直的,冰面距离海面有时将近1米,企鹅又不会爬,那它们怎么到冰上去的呢?企鹅自有绝招,它们先是快速游动,在距离冰边缘不远处跃出水面,它们能跳出水面2米多高呢。企鹅在空中保持头上脚下的直立姿势,双脚踏上冰面,身体就势向前一倾,改用腹部滑行的姿势减低前进速度,滑行一两米后再站立起来。有时,如果出水动作完成得好,企鹅可以落下后直接站在冰面上呢。

150. 企鹅的天敌有哪些?

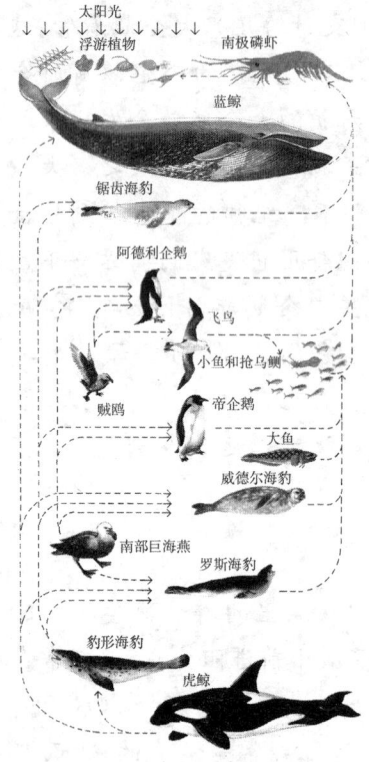

南大洋食物链

南极企鹅的天敌有两种,一是来自空中的南极最常见的猛禽——贼鸥;二是南极水中的猛兽——豹形海豹。虽然,南极的企鹅选择在南极的冬季进行繁殖,是为了避开天敌的侵袭,但是,天有不测风云,企鹅也有旦夕祸福。冬季偶尔也会有天敌出没,万一孵蛋的企鹅碰上这些凶禽、猛兽,也是凶多吉少,不是企鹅蛋被吞,就是蛋碎。这种悲惨景况时有发生。

151. 你听说过南极的空中强盗吗？

南极生物的威胁并不只在海中，也有来自空中的威胁，这就是棕褐色的海鸥，也叫贼鸥。贼鸥有洁净的羽毛、黑得发亮的嘴、炯炯有神的圆眼睛，但它品行恶劣，好吃懒做，尽干些偷、抢的勾当，是南极出了名的"空中强盗"。

贼鸥偷蛋

贼鸥对食物的选择并不十分严格，不管好坏，只要能填饱肚子就可以了，除鱼、虾等海洋生物外，鸟蛋、幼鸟、海豹的尸体等都是它的美餐。在饥饿之时，它会穷凶极恶地从其他鸟、兽口中抢夺食物。我国一名南极考察队员就有被贼鸥从自己的饭碗中将排骨抢走的经历。它们过去还以南极考察队员丢弃的剩余饭菜和垃圾为美味，现在由于新的环境保护法规的实行，南极考察站已经将垃圾严格管理起来，贼鸥已经很难再吃到剩饭菜了。

贼鸥是企鹅的天敌。在企鹅繁殖季节，它会经常出其不意地袭击企鹅的栖息地，叼食企鹅的蛋和雏企鹅。贼鸥的巢穴实在是简陋得很，实际上是一无所有，它只是把经常栖息的一个岩石角落当作自己的家。当人们走近它的巢穴时,它会虚张声势地袭击,唧唧喳喳地在人的头顶上乱飞,甚至向人们头上拉屎,就像飞机丢炸弹一样。鉴于贼鸥的许多恶劣行径,所以,南极考察队员也都非常讨厌它们。

152. 南极的海豹有几种?

全球共有 34 种海豹,约 3500 万头。南极地区有六种,它们是象海豹、豹形海豹、威德尔海豹、锯齿海豹、罗斯海豹、南极海狗,总共约有 3200 万头,占全球海豹总量的 90%。有趣的是,在这六种南极海豹中,有两种是在陆地上繁衍后代,两种在冰上,另外两种在冰缘线附近。锯齿海豹、豹形海豹、威德尔海豹和罗斯海豹是南极地区特有的。南极地区的海豹主要分布于南极大陆沿岸、浮冰区和某些岛屿周围海域,它们全都是《南极海豹保护公约》中的重点保护对象。

南极海豹

153. 南极海豹的游泳本领如何?

除了南极海狗以外,其他五种南极海豹在陆地和冰面上行动迟缓,非常笨拙,就连挪动一下身体都显得非常费力。但是,南极海豹一下海,就立刻与在陆地上"判若两人"了。海豹的食物来源全部来自大海,想要在海洋中捉到灵活的鱼儿和企鹅可不是一件容易的事,必须要有非凡的水下本领才能填饱自己的肚皮。南极海豹在海里的游动速度为每小时 20 千米~30 千米,最高时速可达 37 千米。潜水时间一般为 5 分钟~10 分钟,最长可达 70 分钟。潜水能力最强的是威德尔海豹,一般潜水深度为 180 米~360 米,最深可达 600 米。

有了如此出众的水下功夫,南极海豹不但可以吃得肚大腰圆,还可以有效地避开虎鲸等水下杀手的袭击,在南极海域繁衍生息。

154. 南极海豹为什么善于潜水?

历时 1 小时下潜时,南极海豹的心脏跳动立即从每分钟 55 次下降到 15 次,心脏的血流量从每分钟 40 升降到 6 升,其他大多数器官只能得到正常血量的 5%~10%,但血压正常,依然保持 160 毫米汞柱。下潜时由于不能进行呼吸,体内贮存的氧气不久就近乎枯竭,葡萄糖的代谢只能通过无氧酵解的途径变成乳酸,因此,血液中乳酸的浓度很高,达正常值的 3 倍。下潜时所需要的能量是由乳酸供应的。

海豹

奇怪的是,那么多乳酸是从哪里来的呢?实验表明,乳酸来自肌肉和皮肤,因为这些部位的血流量很低,仅占15%,由于血少缺氧,这些器官只能进行无氧代谢,产生乳酸。然而,无氧代谢产生的能量是很少的,怪不得血流量很少的那些器官会消耗那么多葡萄糖去产生乳酸。

威德尔海豹大脑对氧的消耗量极低,这对潜水是很有利的。威德尔海豹血液中含有1000毫克分子的氧,脑在70分钟内仅用去血氧的3%~4%,而人脑在同样时间内要用去血氧的90%。威德尔海豹的心脏在70分钟内用去14%的氧,而人的心脏却是57%。仅从威德尔海豹脑和心脏的耗氧量来看,它还有延长潜水时间的潜力。

155. 哪种海豹是世界上数量最多的一种?

锯齿海豹又叫食蟹海豹,因为它的口腔中长有成排尖细的牙齿,上下交错排列,很像锯齿,由此得名。锯齿海豹体长2.5米左右,体重200多千克,雌性躯体大于雄性。其体色从银灰色到深灰色,有时呈淡红色,背部的色泽比腹部深。锯齿海豹是南极海豹中数量最多的一种,约3000万头,占南极海豹总数的90%以上。它也是世界海豹中数量最多的一种,占世界海豹总数的85%。据说,它还是当今世界上数量最多的大型哺乳动物呢。锯齿海豹以磷虾为食,把它称为食蟹海豹是一种错觉,因为南极的蟹类极少,不足供其食用。85%的锯齿海豹身体有伤痕,这些伤痕多数是由于遭受虎鲸的侵袭而造成的,有些是争夺配偶时留下的。

156. 象海豹因为什么而得名？

象海豹又叫象形海豹和海象，是南极个头最大的海豹，雄性体长4米～6米，体重2吨～3.5吨；雌性小于雄性，体重为雄性的一半，是典型的大夫小妻，极易区别。象海豹数量约70万头。

象海豹所以得其名，是因为它的嘴唇上方长着一块别致而富有弹性的肌肉，形状很像大象的鼻子，平时松软下垂，发怒或殴斗时，鼓得很高，伸得很长，虽然比起陆地大象的长鼻子还差得远，但有的仍可长达50厘米。象海豹的皮毛呈灰黄色，有时呈灰白色，随年龄和季节的变化，体色略有

南极海豹

差异。象海豹相貌丑陋，行动笨拙，以磷虾、乌贼为食，喜欢群居，经常在海边成群地睡懒觉。

157. 豹形海豹长得像豹子吗？

南极豹形海豹体长3米～4米，雌性体格大，体重也较重，为300千克～500千克，但雄性体重仅有200千克。豹形海豹全身带有花斑，貌似金钱豹，因而得名。豹形海豹性情凶猛，运动灵活，游泳速度快，牙齿锋利，嗅觉灵敏，善于进攻猎物，经常出其不意地袭击企鹅群。它的食性比较广泛，除了捕食磷虾、鱼和头足类外，还吞食企鹅、

飞鸟和小的食蟹海豹,被称为"海中强盗",其他种类的海豹也对它望而生畏。豹形海豹的数量仅为22万头,在水中交配,在冰上繁殖,每胎产1仔。

158. 威德尔海豹有什么特点?

威德尔海豹体长3米左右,体重300多千克,雌性略大于雄性。它背部呈黑色,其他部分呈淡灰色,体侧有白色斑点,其数量约75万只。它在冰上繁殖,每胎产1仔,乳汁脂肪含量高,幼仔显得格外肥胖可爱。

威德尔海豹是出名的海冰打洞专家,出没于海冰区,并能在海冰下度过漫长黑暗的寒冬。它靠锋利的牙齿,啃冰钻洞,伸出头来,进行呼吸,为了维持

打洞专家威德尔海豹

威德尔海豹赖以生存的冰洞,使冰洞在零下几十度的低温下不被冻结,威德尔海豹付出了巨大的代价,人们经常看到它们左右不停地摆头,用牙齿啃咬和刮掉刚刚冻结的海冰,以维持呼吸,即便是牙龈磨出血来也在所不惜。威德尔海豹经常钻出冰洞,独自栖息,少见成群现象。雌性多栖于冰面,雄性多在水中,二者在水中交配。威德尔海豹是长潜和深潜的优胜者,以鱼类、乌贼和磷虾为食。

159. 人们为什么对罗斯海豹知之甚少?

罗斯海豹生活于人们难以到达的浮冰区,无法长期跟踪观察,所以至今人们对其了解甚少。罗斯海豹身长2米左右,雌性大于雄性,小脑袋,大眼睛,又叫大眼海豹。其数量为25万~50万头。它喜欢单独活动与栖息,少见成群现象,以深水乌贼为食。

160. 南极海狮长得像狮子吗?

海狮又叫海狗、海狼或海熊,单从长相看,并不像狮子,倒是有些像去掉耳朵的狗。海狮体长2米左右,体重150千克左右,毛皮灰黄、细腻、华贵。它的明显特点是鳍脚较长,以鳍脚和尾部为支撑,能在陆地站立和行走,速度不快。海狮主要生活于南极海洋性岛屿周围海域,在水中交配,在海滩上产仔;食性比较单一,主要以磷虾为食。根据海狮专食磷虾这一生活习性,科学家在它的身上安装上自动电子记录仪,监测它的游泳速度和活动范围,以此推测磷虾群的远近、大小和动态变化。

海狮的毛皮华贵,早已成为猎捕的对象,曾经濒临灭绝。由于国际社会采取了相应的保护措施,才使其免于灭绝之灾。近年来,它的数量已经慢慢恢复起来,人们估计在南极地区海狮的数量约100万头。

161. 为什么要制定《保护南极海豹公约》?

早在19世纪末,人类就开始大量捕杀南极的鲸和海豹等哺乳动物了,南极大陆周围海豹的数目便急剧下降。

据统计,仅是在南乔治亚岛上,从1780—1830年和1860—1880年间就有120万头南极海狮被捕杀。到19世纪末期,南极周围的海狮几乎绝迹。

应该说明的是,南极大陆周围的海豹之所以没有遭到灭顶之灾,是由于人类的需求发生了变化。因为,电的问世解决了人类社会的照明问题。特别是由于石油的发现,更使动物油脂的经济价值大大地下降了。于是,人类在南极大陆周围对海豹的血腥屠杀渐渐减少。经过相当长时间的恢复之后,它们的数量开始增长起来。据调查表明,南大洋里的海狮在20世纪30年代只剩下100头左右,到1954年增加到1.5万头,而到1976年则增加到35万头。

虽然南极海豹的种群数量在增长,但它们珍贵的毛皮仍然对贪心的人构成巨大的吸引力,为了不使海狮的悲剧重演,有效制止大规模破坏性捕杀南极海豹行为,保护和合理开发这一巨大的生物资源,1972年,《南极条约》协商国起草并通过了《南极海豹保护公约》,并于1978年4月正式生效。该条约规定,对罗斯海豹和海狮要特别严格地加以保护,而对其他海豹则都规定了每一种类每年可以捕获的最高限额。例如,食蟹海豹的捕获量最多不得超过17万头,豹形海豹为1.2万头。

162. 海豹是否实行一夫一妻制?

海豹都是群栖生活,一夫多妻。以象海豹为例,每当八九月份繁殖季节来临,它们就成群结队地跑上岸来占领地盘,寻找配偶。为了占领地盘,争夺雌性海豹,雄性海豹之间往往要进行一场残酷的争斗,胜者为王,拥有成群的妻妾,败者扫兴而去。一个雄海豹日夜守卫着数十头,甚至上百头雌海豹,都是他夺来的妻妾,一旦发现情敌来了,便展开生死搏斗。雌性海豹一旦被雄性占有,便乖乖地顺从雄性海豹。生殖季节一过,雄性象海豹便到海里捕食和逍遥了,抚养小海豹的责任完全由雌性象海豹承担。

163. 能够人工饲养南极海豹吗?

南极海豹适应性强,人工饲养比较容易,它不像企鹅那样,对生活条件,特别是对温度要求严格。因此,许多国家的科学家早已进行了南极海豹的人工饲养工作。他们把南极海豹饲养在海洋公园里、水族馆

海豹夫妻

里,甚至研究所里。其目的有两个:一是供游人观赏;二是作为研究材料。研究的内容主要是海豹的生活习性和生理功能。饲养的种类主要是象海豹和威德尔海豹,也有锯齿海豹和其他种海豹。研究较为深入的是威德尔海豹,因为它是游泳的能手、潜水的冠军,对威德尔海豹潜水的生理功能的研究已卓有成效,揭示了它能够深潜和长潜的奥秘。

164. 我国是否饲养过南极海豹？

中国第三次南极考察队,于1987年2月在中国南极长城站的西海岸捕获了2头象海豹,一雄一雌,经鉴定,均为1龄幼豹。于1987年5月将其运到青岛,送交海产博物馆饲养。雄的取名为"南南",雌的取名为"冰冰"。在该馆科技人员的精心饲养和管理下,2头象海豹很快适应了新环境,长得十分健壮,发育正常。一年后,"南南"的体长由2米增加到2.9米,"冰冰"也由2.5米增加到3.1米。1988年11月,雌海豹生了一头小海豹,不幸的是,小海豹被它的妈妈压死了。"南南"和"冰冰"以后也都相继去世,之后我国再没有进行南极海豹的人工饲养。

165. 南极海豹怎样养育后代？

海豹是哺乳动物,海豹奶中的脂肪含量相当高,可达40%～50%,是牛奶中脂肪含量的10倍～15倍,其他营养成分也比牛奶高,这是海豹幼仔生长健壮、膘肥肉胖的原因之一。小海豹出生在海冰或沙滩上,依靠母亲营养丰富的乳汁长大,几个星期之后,它就可以下海游泳了,而它们的母亲则明显消瘦下去。

166. 南极磷虾长得什么样？

同学们一定吃过海虾,也知道海虾是价格比较贵的海产品,是人们最喜爱的食物之一,因为它的味道鲜美,而且营养丰富,属于高蛋白质的食物。但同学们不一定知道,在浩瀚的南大洋中,还蕴藏着非常丰富的磷虾资源呢。

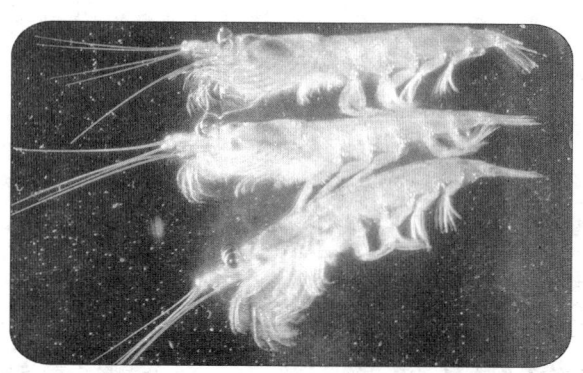

南极磷虾

　　虾在生物学分类上属于甲壳纲十足目,而磷虾属甲壳纲磷虾目。磷虾同虾类不是弟兄,而是龙虾、对虾的祖辈,因为十足目下面一代是游泳亚目和爬行亚目(龙虾、蟹类),游泳亚目下面的一代才是虾类呢。所以磷虾是虾类的祖辈。磷虾不善于游泳,在海洋中过着漂浮的生活,属于浮游甲壳动物。磷虾的形态与对虾相似,但它比对虾高明之处是有发光器官,能发出冷色蓝光。

　　磷虾的头部和整个胸部被头胸甲包裹着,像武士穿戴的盔甲一样,所以称它们为甲壳动物。露在头胸甲下面的是指状足鳃,用来进行呼吸。磷虾的头部有两对触角鞭,很像古装戏里武将头饰上的翅子,非常威武漂亮。黑色圆球是它的眼睛,眼柄上有一对发光器,在第二和第七胸肢基部也各有一对发光器。一经外界刺激便会闪闪发光。

　　南极磷虾有8种,其中数量最大的叫南极大磷虾,通常称它磷虾或南极磷虾,它也是磷虾中最大者,成虾长度为45毫米～60毫米,最大可达90毫米。过去认为磷虾的寿命是二三年,但是实验证明有的可以活七八年。

167. 南极磷虾有多少?

研究南极磷虾总量对于磷虾的合理开发,保护南大洋生态系统是至关重要的,根据这些成果,可以制定合理的磷虾捕捞限额,使磷虾资源不受破坏。

过去科学家估计南大洋磷虾资源量为10亿～50亿吨,有人甚至估计有上百亿吨,但根据实测结果估计,它的蕴藏量为4亿～6亿吨,当然这不是最后结论。实际上,磷虾资源量有很大的年际变化,每年的资源量是不同的。随着世界人口的增加,人类对蛋白质的需求也在增加。但是,由于过度捕捞,传统的鱼类资源正在衰退,传统渔场在消失,渔汛不明显,湖泊等自然水域所能提供的水产品已呈饱和状态。在此情况下,人们自然而然希望另找出路,开辟新的蛋白资源,于是南极磷虾便成为大家追逐的对象。

168. 为什么说南极磷虾是人类的蛋白质资源宝库?

南大洋磷虾的蕴藏量为4亿～6亿吨,那么磷虾的捕获量应是多少才合适呢?有人研究过,在鲸资源未被破坏以前,一头体重40吨的须鲸每天要吃磷虾1吨,按此计算,须鲸每年要吃掉磷虾1.9亿吨。现在须鲸少了,估计每年只有5000万吨磷虾被吃掉,于是就有1.4亿吨磷虾的"过剩量"。如果磷虾捕获量为5000万吨的话,那么它就是现在世界总渔获量的一半(现在世界总渔获量是1亿吨左右),这是一个多么诱人的数字啊!磷虾无疑是人类的蛋白质资源宝库。

169. 南极磷虾有什么奇特的习性？

南极磷虾绝大多数生活在 50 米以上的海水表层,但是,磷虾卵的孵化却是在下沉(一二千米还可能更深一些)过程中进行的。具体地说,磷虾产卵后,其卵就开始往下沉,边下沉边孵化。磷虾卵下沉的速度很快,每天下沉 140 米～320 米。三五天后可下沉到一二千米的深度,这时孵化也就结束了。孵化后的磷虾边变态发育,边向上缓慢移动,当到达 100 米水层时,已成为能够直接主动摄食的幼虾了。下沉到上升的全部时间为三四周。

人们对磷虾这一奇特的习性很难理解,但是科学家认为,这对磷虾种群的繁衍和保持在适合的生活区域分布有重大意义。因为磷虾(包括幼体)的天敌主要活动在表层,磷虾的受精卵如不迅速下沉,将成为许多动物的饵料。刚孵化出来的磷虾幼体身体最脆弱,在此期间到深层去避一避,对种群是有利的。不过,在深层呆久了也不行,那里暗无天日,没有食物,刚孵化出来的磷虾幼体,尚有卵黄可以维持生命,所以必须赶紧上升。到了表层,小磷虾的消化道已形成,可以主动摄食,那就不会因缺乏食物而饿死。

另一个重要的原因是,磷虾群体生活在表层水中,由于南极海洋中的表层水是不断向北扩展的,这就有可能将磷虾带出它的分布区。而深层的暖水是由北向南扩展的,磷虾的幼体有一段时间在深层度过,这有助于磷虾种群保持在适宜它生长的南大洋。

170. 南极磷虾是"群居动物"吗？

南极磷虾和陆上的蜜蜂、蚂蚁一样,喜欢集体行动,不喜欢独来独往。在一个海区,无论有多少磷虾,都集合成一个大群体。而且队伍整齐,年龄一致,其他的浮游动物休想混进来,不是同一个年龄的磷虾也不得加入。它们在行动上保持高度一致,专家们认为这可能是同一批卵同时孵化所致。在集合成一个群体时,雌雄比例大致为1∶1,但在交配后雌雄比就变成3∶1,这可能是因为雄虾要比雌虾死亡早,或者交配后的雌雄虾生态习性不同所致。

171. 南极磷虾为什么只分布在南极周围海域？

环绕南极的南大洋蕴含丰富的南极磷虾资源,但离开高纬度的海域,磷虾资源量就显著减少,这是为什么呢？原来南大洋的水温终年是低温,盐度也无大变化,没有江河流入等其他因素干扰,长期稳定的环境使磷虾变得娇嫩起来,应变能力差,环境略有变动就不能适应。如果温度高于1.80℃就可能给它带来致命的危险。所以,南极磷虾只适宜生活在南极周围比较寒冷的海域,远离南极的海中是找不到南极磷虾的踪迹的。

172. 南极磷虾是怎样繁殖的？

南极磷虾雌雄异体,雌虾略大于雄虾。在交配时,其情况同对虾相似,即雄虾将一对精英留在雌虾的储精囊内,一旦雌虾卵子成熟便开始受精。受精卵排出后边下沉、边孵化;孵化后边变态发育、边上升,直到成为仔虾。

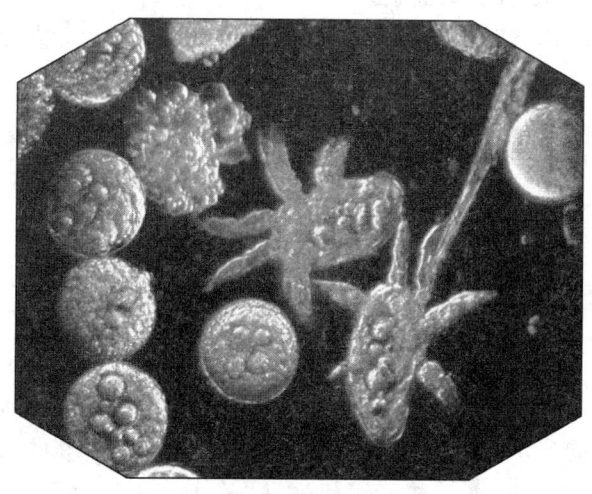

南极磷虾卵和幼体

南极磷虾产卵时间是每年南极夏季的11月到第二年的4月,但绝大部分磷虾集中在1月下旬到3月下旬这段时间内产卵。磷虾卵的直径为0.7毫米左右。1龄幼虾体长20毫米～30毫米,体重0.6克～0.7克,2年后就长到45毫米～60毫米,体重0.7克～1.5克,即为成体磷虾了。

磷虾的生殖能力很强,怀卵量为2100颗～14000颗。生殖力强是保存种族的需要,因为,在那种恶劣的海洋环境中,在强大而众多的天敌面前,每天有大量磷虾被吞食,如不提高生殖能力,磷虾恐怕早就灭种了。这也是南极磷虾一直保持巨大资源量的重要原因。

173. 怎样捕捞南极磷虾?

捕捞磷虾和捕鱼不同,因为磷虾个体小,只有50毫米~60毫米长,这就要求网眼要密。但是网眼密,磷虾又多,滤水量就少,因此捕捞磷虾比捕鱼要慢而费时。

前苏联和日本最早使用的网具是舷侧框架式表层拖网。前苏联采用的网口大小为5米×5米,在这种网的尾部装一吸鱼泵,平均网获量为0.3吨。而日本使用的网口为4米×4米,在网囊的尾部不装吸鱼泵,平均网获量仅为0.1吨。用双船中层拖网时,平均网获量有0.8吨。如果采用单船在表中层拖网时,结合用探鱼仪瞄准捕捞,还能捕到水深20米以下的磷虾群,平均日产10吨,最高日产可达30吨。日本捕磷虾船"第十一大进丸",它的最大网获量是4.9吨,一般网获量也有0.9吨,以后又作了网具改进,平均网获量达到了2.3吨。

174. 如何在南大洋寻找磷虾群?

当南大洋天气晴朗的时候,你在甲板上或在驾驶室用肉眼或望远镜四面瞭望,如果发现海水呈赤褐色,那就是磷虾群在起浮。如果你是有经验的人,还可以根据其范围或颜色的深浅来判断磷虾群的大小和厚度。若注意观察海上的动态,也可以判断是否有磷虾群的存在。具体的方法有:如果海鸟在海面上忙碌飞翔,表示水下可能有磷虾群的存在。海鸟飞翔的高低,可以判断虾群在水中栖息的层次,当海鸟高飞时,表示磷虾群处在较深的水层。某些种类的鲸在水中追逐、跳跃,表明它正在摄食磷虾,这里正是磷虾群密集的水域。

南极磷虾

当然,最可靠的方法还是利用现代化的探鱼仪,能测出肉眼看不到的各水层磷虾群的厚度、宽度,通过计算机算出各水层映像面积分布的百分比,有的放矢地下网捕捞,捕捞量会更多。

175. 你知道南极磷虾的营养含量有多高吗?

别看南极磷虾个头不大,样子也不十分漂亮,但它的营养价值比牛肉还要高呢!

南极磷虾是高蛋白质的食物,肉中含蛋白质18%,脂肪2%,南极磷虾含人体所必需的全部氨基酸,尤其是代表营养学特征的赖氨酸的含量更为可观。有人将南极磷虾中含有的人体必需的氨基酸组成,与金枪鱼、虎纹虾及牛肉比较,结果发现南极磷虾的赖氨酸含量最高。世界卫生组织曾将南极磷虾、对虾、牛乳、牛肉的氨基酸综合营养价值放在一起评议打分,结果磷虾得100分,牛肉96分,牛乳91分,对虾71分。磷虾中还含有人体所需要的钙、磷、钾、钠等元素;磷虾的眼球中还含有丰富的胡萝卜素。

因此,经过研究证明,南极磷虾确实具有很高的营养价值。目前我国尚未开展大规模商业性捕捞,同学们想要一饱口福还真的需要等待一段时间。

176. 南极有多少种鲸?

鲸,俗名鲸鱼,但实际上它不是鱼,而是海洋里的哺乳动物。鲸虽然是庞然大物,但并不是所有的鲸都吃鱼类,除少数齿鲸外,其他鲸却连小鱼也不吃,而主要以磷虾为食。除少数鲸性情凶猛,有伤人行为之外,多数鲸的性情是比较温和的。

云集到南大洋的鲸有12种之多,它们可分为两大类:一类属须鲸类,较大的有蓝鲸、鳍鲸、黑板须鲸、缟脊鲸、巨臂鲸、露脊鲸等;另一类属齿鲸类,较大的有抹香鲸、逆戟鲸等。这些鲸中最大的有蓝鲸、鳍鲸、抹香鲸。蓝鲸体长30米,体重一般为150吨,最大的达190多吨,现有20万头;鳍鲸体长25米,体重一般为50吨左右,现有8万头;抹香鲸体长18米~25米,体重一般为20吨~25吨,最大的达60多吨,现有43万头。

鲸是南大洋的重要生物资源之一,根据有关国际条约规定,南大洋的鲸正在受到人们的保护,但也有个别国家不顾禁令,偷偷在南大洋捕杀鲸鱼。

177. 南极的鲸怎样过冬?

夏季游弋在南大洋的鲸一般不在南极周围海域过冬。迁徙生活是鲸的共同习性,像鱼类的回游,候鸟的迁徙一样,只不过时间、季节和地点各不相同罢了。迁徙是鲸的一种本能,也是生存所迫,比如须鲸在其他海域进食很少,主要在南极海域进食,所以它必须返回南极海域。

南大洋的鲸多数是从亚热带和温带迁徙来的,在每年的11月左右到达南极海域,在那里逗留100来天,于翌年二三月踏上回程。须鲸在南极海域逗留的时间最长,通常为120天以上。有的还可以在南极海域越冬,并在亚南极区繁殖。其他多数鲸种在南极地区或在迁徙的途中寻偶、交配,在温带和亚热带繁殖后代。在南极海域很难看到正在哺乳的仔鲸。

178. 你听说过南大洋的人鲸血战吗?

抹香鲸是海洋中的庞然大物,自古以来,人们对它就有恐怖之感,至今仍流传着许多充满迷信和骇人听闻的传说和故事。人与抹香鲸的血战,历史上曾多次发生,在19世纪发生过20余次,20世纪40年代发生过2次。从北半球的白令海峡到南半球的南大洋邻近海域皆有发生,约有近百艘捕鲸船和货船被撞翻、击碎、沉没;有数百名捕鲸者被鲸吞食。

19世纪初,在智利南部的莫哈岛附近,有一头巨大的雄性抹香鲸,体长20多米,体重70多吨,体色呈深灰色,头部有一条白色的宽条纹,性情十分凶猛。它一见捕鲸船,就大发雷霆,翻腾起来,全身直立跳出水面,继之,带着雷鸣般的巨响落入水中,激起层层波涛,白色浪花飞溅十几米高,接着,又游出几百米,静卧水面,窥测动向,等待捕鲸船的到来。当捕鲸船向它逼近,并投出鱼镖时,它便立即潜入水中,径直地冲向捕鲸船,猛力用头一顶,船不是被击破,就是被弄翻,接着,它再用尾巴横扫几下,顿时就会船破人落。此时,它便张开大口,吞食落水的人。

抹香鲸不仅反击追踪它的捕鲸艇,而且还主动袭击大型的捕鲸船,甚至货船,即使撞得头破血流也不罢休,船沉了,它还久久不愿离去,仍在四周游弋、搜索,决不放过正在水面挣扎的落水者。据不完全统计,被这头巨型抹香鲸毁灭的大小船只达30艘,伤害100多条人命。然而,在1859年的一天,这条称霸30多年的抹香鲸,终于被瑞典的捕鲸队击毙在南太平洋上。当时,它中了17只鱼镖,其中几只鱼镖击中了它的要害部位,刺穿了肺和右眼,再加上它已年老体衰,已无力进行挣扎与反击。

抹香鲸袭击船只是为了自卫吗?美国学者回答说,不是。抹香鲸进攻船只的史例表明,都是雄鲸的所作所为。这很可能是出于保卫领地和护卫妻儿的本能,当然,也不排除受伤后雄鲸的垂死挣扎、反咬一口的自卫反应。

179. 南大洋最凶猛的动物是什么?

南极的海豹有一个非常奇特的习性,每当要下海时,总是先把头伸进海水中,在水中观察几秒钟之后,才将

虎鲸

整个身体滑进海中,这是为什么呢?原来,海豹在时刻提防着海中霸王,南大洋最凶猛的动物——逆戟鲸。逆戟鲸又叫虎鲸,身长为8米~10米,体重15吨左右,背呈黑色,腹为灰白色,背鳍弯曲长达1米,嘴巴细长,牙齿锋利,性情凶猛,善于进攻猎物,是企鹅、海豹的大敌,有时它还袭击其他鲸鱼。逆戟鲸身上黑白两色的曲线变化可以很好地破坏自己的身体在海水中的视觉轮廓,距离稍远的猎物就看不清楚它了。有时,当它发现小块浮冰上栖息着海豹或企鹅时,会将头部蹿上浮冰的一边,用自己巨大的体重将冰块压翻,把滑落海中的猎物吞下肚子。

180. 鲸是怎样捕食磷虾的?

南大洋的鲸主要以磷虾为食,也吞食一些桡足类、甲壳类浮游动物。滤食性须鲸,从亚热带和温带迁徙到南极后,在南极水域饱食美餐,寻偶交配。在此期间,有些种群能积累全身脂肪量的50%。须鲸在亚热带很少吃东西,在南极积累的脂肪用来提供它一年中其他时间所需要的能量。

南大洋鲸类

鲸的胃口很大,一头蓝鲸一天能吃8吨~10吨磷虾。蓝鲸口腔的容积达5立方米,张口时大量的磷虾和海水一起涌进,闭口时,把海水从唇须缝中挤出,滤出的磷虾则被它一口吞下。

181. 南极有多少种海鸟?

由于气候严酷,在南极只有极少的几个动物种类,然而经过观察发现,每种动物都有着大量的个体存在。

南极地区的鸟类全部是海鸟,除不会飞的企鹅外,其他均为飞鸟。有36种海鸟在南极地区哺育后代,其中主要是企鹅、信天翁和海燕。这些鸟大部分终生生活在南极地区,也有一些鸟类每年要迁移到北半球遥远的地方。

182. 南极海鸟数量有多少?

南极地区海洋飞鸟的种类稀少,但数量却相当可观,约有6500万只,其中南极的信天翁类约有3900万只;海燕有19种,约1100万只。如果加上企鹅,海鸟总数更是多得惊人,约1.78亿只。据世界著名海鸟学家估算,全世界的海鸟有10亿只之多,仅南极地区的海鸟就占世界海鸟总数的18%,因此,南极地区堪称为飞鸟天地。

贼鸥

南极地区的海鸟主要分布在南极大陆沿岸和南极辐

合带南北的岛屿上,这些海洋飞鸟主要以磷虾为食,也食用乌贼和鱼类等海洋生物,在南大洋海洋生态系中起着重要作用。仅鸟类每年就要消耗约4000万吨海洋生物。由于鸟类在南极海洋食物链中的重要作用,因此早已成为南极海洋生态系研究的对象之一。

183. 南极最大和最小的海鸟是哪一种?

漫游信天翁是南极地区最大的飞鸟,也是世界飞鸟之王。它身披洁白色羽毛,尾端和翼尖带有黑色斑纹,躯体呈流线型,展翅飞翔时,翅端间距可达3.4米,体重达5千克~6千克。漫游信天翁号称飞翔冠军,它可日行千里,即使连飞数日,也毫不倦怠,甚至绕极飞行,也锐气不减。漫游信天翁还是空中滑翔的能手呢,它最喜欢波涛汹涌、狂风怒吼的海面,每当这时它可以连续几小时不扇动翅膀,仅凭借气流的作用,在波峰浪谷间一个劲地滑翔,显得十分自在。漫游信天翁最怕海面风平浪静,如果海面一点风都没有,它就不得不拼命扇动自己细长的双翅,艰难地飞行。漫游信天翁被航海家誉为吉祥之鸟和导航之鸟。船只航行在咆哮的南大洋上时,通常可以看到它们不辞劳苦,盘旋翱翔,来到眼前好像是在给船只导航。

个体最小的飞鸟要属威尔逊风暴海燕了,它们在南极沿岸的石缝中做窝,体重仅36克,下的蛋不及蚕豆大小。威尔逊风暴海燕的飞翔速度极快,抗风能力很强,能在强大的风暴中飞翔,因此"风暴海燕"也由此而得名。

184. 南极海燕怎样自卫？

南极海燕类属于管鼻鸟，它们有一个共同特征，就是嘴角上有一个鼻孔状的管子，与胃相通，平时有鼻涕似的糊状物封闭，应急时作为防御的武器。南极海燕的这种习性特别明显，当人们靠近它时，它张开大口，伸伸脖子，像是表示欢迎，其实，那是在准备"武器"，并发出警告："神圣领地，不可侵犯。"当人们触动它或其子女时，它便怒气冲天，突然发动进攻，像水枪一样将胃中的液体喷射出来，能喷足足半米远。这种液体呈油性，略带橙黄色，腥臭难闻，溅到衣服上，一时难以清除。但是除此之外，它就没有别的办法了，很有一点黔驴技穷的意思。

185. 南极飞鸟是怎样迁徙的？

南极地区的巨海燕是夏季在南极地区筑巢、生殖，而冬季则迁徙到温带，甚至亚热带地区栖息和更换羽毛。有趣的是，未成年的信天翁则是在世界其他地区周游了5年之后，才回到南极大陆沿岸筑第一个巢。

信天翁

186. 南极飞鸟怎样筑巢?

飞鸟筑巢的地点有明显的选择性,一般选择在靠海边并能避风的裸露岩石处。因为海洋既能调节气温,又能提供丰富的食物,裸露的岩石可以避免被风雪埋没的危险。除贼鸥外,它们发现一块筑巢的宝地后,并不是寸土必争,也不是占地为王,而是发扬风格,互相谦让,共同分享。巢的分布和相互间距合理,邻居之间和睦相处。一般说来,巨海燕把巢筑在开阔的平地上,个体较小的海燕则在巨海燕的巢间空隙上,或在更低洼处筑巢。风暴海燕则把巢筑在长有苔藓和地衣的圆丘上或石缝中,还有一些海燕则利用山坡岩石的洞穴和裂缝,作为山庄别墅。

飞鸟巢窝的建筑十分简陋,只是平铺一层密密麻麻的小石头,有的稍微加以装饰,铺上几块干枯的地衣和苔藓,或几根羽毛。它们就是在这些简易的住宅里愉快地生活和生儿育女。

187. 南极飞鸟是怎样保持体温的?

南极飞鸟的适应性很强,它们能顺利地度过南极的夏季,海燕类靠厚厚的皮下脂肪和紧贴皮肤的厚绒毛层保持体温。这些飞鸟表层的羽毛厚而严密,能防止热量的散失。在巢中栖息时,其羽毛表面的温度接近周围的气温,甚至降落在身上的雪都不融化。而羽毛和雪结合在一起,构成了一层有效的隔热层,更有助于保持体热不散失。在比较温暖的日子里,为了防止体温过高,它们往往直立着身体,张开嘴巴,大口喘气,竖起羽毛,伸开脚爪和翅膀，露出皮肤，以散发热量。下海游泳也是散热的有效途径。不过，在南极生活期间，有效地保持体温是关键的一环，需散发体热的情况虽有，但不多，因此，它们在此期间不脱羽毛，也不更换羽毛。

188. 南极海鱼为什么不怕冻？

南极周围海域的鱼类总共只有100多种，相比其他海域显得稀少，特别是表层鱼类缺乏。南极鱼类是海洋变温动物，与温血动物截然不同。温血动物体温恒定，一般不会因外界环境温度的变化而改变；而南极鱼类的体温会随环境温度的变化而改变，与海水的温度保持一致，

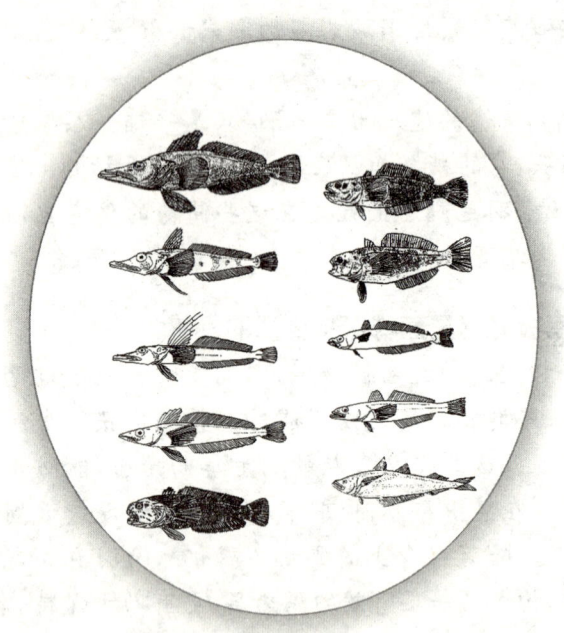

各种南极鱼

没有恒定的体温。南极鱼类体内的热量通过呼吸和体表迅速散失。当海水温度下降到冰点时,它的体液温度也接近冰点,然而,由于南极鱼类的血液中有抗冻蛋白,虽然体温降低了,但体液并不冻结,因此,它可以在海水冰点以下的温度中正常生活。

189. 科学家为什么要研究南极鱼的抗冻之谜?

南极鱼的抗冻之谜被揭开之后,生物化学家们一方面在进一步研究其抗冻蛋白的结构特点和物理化学性质,另一方面也在着手探索它在实践中的意义。人们正设法模拟抗冻蛋白的分子结构,人工合成一些类似其结构的抗冻蛋白或抗冻剂,从而在人们的日常生活和科研中加以应用。比如,在人们的日常生活中,经常用低温的办法保存肉类、水果和蔬菜等食品;在临床医疗中,经常用低温办法保存血液和待移植的器官;在科学研究中,经常用低温保存菌种和其他生物材料。但是,上述办法有时会因组织冻结,细胞脱水,使保存的材料变质,达不到预期的目的。而涂上适量的抗冻蛋白或抗冻剂,既可使材料在低温下保存,又不会使其冻结而变质。也许不久的将来,利用这一方法,你吃到的冻肉会和鲜肉一样味道鲜美呢。

190. 南极周围海底也有生物吗?

南极周围的海域一年之中多半时间被海冰覆盖,在海冰上除能看见海豹和企鹅以外,几乎看不到其他生物。冬季,这里是超过零下40℃严寒的冰雪世界。然而冰下海水的温度则为零下1.8℃。一年四季冰下海水的温差很小，和海冰上的温度相比，可以说水下是非常暖和的环境，因此，生活着为数众多的底栖生物。考察队员冬季在海冰上打冰洞钓鱼时，若鱼钩放到海底，经

南极底栖生物——海胆

常会钓上南极易断海星等底栖生物。在比较浅的海底，生活着外径直径为3厘米～4厘米的红色海胆，其壳是淡红色，还有很像扇贝的南极日月贝、腕足长5厘米的蛇尾纲、体长1厘米～4厘米的海蜘蛛、长达1米的纽形动物等。多岩石的海底比沙质海底生长着更多的动物，有各种大小不等的海绵动物和海鞘、八放珊瑚类，在石灰质洞居住的沙蚕、红色的海星和腕足长20厘米～30厘米的海齿花等。在看惯了满是白色海冰的南极人眼里，还可观赏到如此丰富的海底生物，实在令他们惊叹不已。有些地方的底栖生物量比温带海域的还多。

191. 南极大陆的冰雪中有生物吗？

南极大陆冰原茫茫，冰川巍巍。大陆周围的海洋冰山林立，浮冰成群。由于大陆冰和海冰的相互作用，形成了一个水陆不分、冰雪难辨的白色世界。在这个冰海雪原的白色世界里，生物有两大类群，一是陆地冰雪中的生

物；二是海冰中的生物。前者是淡水生物，后者是海洋生物。它们以独特的生活方式，栖居在冰雪的空隙中，占据了这个白皑皑的冰雪世界，以惊人的毅力，顽强地生长、繁衍着。

海冰里的生物

陆地冰雪中的植物有蓝藻和蓝绿藻等，数量最多的是蓝绿藻，也称为冰雪藻。它们来源于陆地、淡水，开始仅生长在积雪的底层，随着时间的变化和积雪层的季节性消长，冰雪藻渐渐向雪层扩展，致使成片的雪原呈现冰雪藻特有的颜色：绿色、红色、粉红色和褐色……在纬度较高的地区，积雪终年不化，积压成冰，冰雪藻就像树干的年轮一样，镶嵌在冰雪中，在冰雪的悬崖断壁上，很容易观察到这种现象。

冰雪藻靠冰雪中的水分和营养生活，借助于阳光进行光合作用。它有适应冰雪的弱光能力，有时会变化自身的颜色，并能改变冰雪的温度。

192. 南极海冰中间有什么生物？

我们已经知道南极的海冰中有生物生长，那么，这些生物都是什么呢？经科学家们研究得知，海冰中的生物有两类，一类是海洋微型植物，称为冰藻；另一类是海洋浮游动物,人们把这种海冰称之为浮游生物冰。但是其中的浮游动物数量少,寿命短,在生态系中的作用也不大,所以渐渐被人们遗忘了。而海冰中的浮游植物——冰藻,因其数量多,密度大,并能生长、繁殖,在生态系研究中意义很大,故倍受重视。

193. 南极海冰中的冰藻是如何生存的?

在前往南极的航行途中,当破冰船在南极冰海奋勇前进时,舷侧可以看到1米多厚的冰被翻起,横七竖八地漂浮于水面。如果仔细观察,可以发现冰底层和断面上带有淡茶色乃至褐色层。起先,人们猜测这是海冰中的泥沙,并没有过多注意,后来,经过生物学家的研究,发现这是由于海冰中生长着微型藻类,即人们常说的冰藻。

由海水冻结而成的海冰和淡水冰不同,海冰的冰晶间有一些充满了浓海水的空隙,其大小虽然用眼睛看不清,但却是能满足微型藻类生长繁殖的好去处。冰藻在冰晶中间利用海水的营养盐和光能进行光合作用生产有机物。由于海冰和积雪对光的反射和吸收,抵达冰藻的太阳光强度仅仅只有百分之一,但南极冰藻仍能适宜这种弱光条件和海水的冰点左右的低温,并且进行光合作用。

194. 南极海冰下表面是什么颜色?

南极大陆沿岸扩展着一种厚度不变的叫固定冰的海冰。一到夏季,日照变强,冰溶化成水积存着,看上去像海面一样。一到冬季,水开始结冰又逐渐变厚。就是这极地科考

样的海冰,你知道它的下部冰面是什么颜色的吗?它并不是白色的,而是褐色的,这是由于冰藻的繁殖造成的。在没有太阳的冬季,冰藻停止生长,当太阳返回来时,冰藻又慢慢繁殖起来,从10月到11月海冰下面变成粉茶色。此时已是冰下的海水中浮游植物甚少的时期。在水活动少的地方冰藻的群体从海冰底部垂向海中,如果潜水仰视海冰,好像冰面顶部上长着厚厚的草坪一般。夏天,融冰伴随着冰藻从海冰脱落,大部分沉于海底,变成底栖生物的食物。有些科学家认为,海豹、鲸和企鹅的食物是南极磷虾,但作为磷虾食物的海洋浮游植物在冬季几乎没有了,所以只能利用海冰下面的冰藻。在海冰中繁殖的冰藻和浮游植物共同维持和支撑着分布在南极广大海冰区的磷虾和鱼类、海豹和企鹅的生存,可以说冰藻是不可缺少的生物。

195. 为什么说冰藻是南大洋生物链中重要的一环?

冰藻在南极的固定冰区和浮冰区广泛存在,它是南极海洋初级生产力的重要承担者之一,甚至有时会成为初级生产力的主要因素。

这是因为冰藻依赖阳光进行光合作用,制造有机物,贮藏在细胞内,以此自养和供养其他生物。冰藻的营养十分丰富,甚至比巧克力产生的热量还要高。

在南极,海洋浮游植物是南极海洋食物链的最初一环,而冰藻又是这最初一环的"种子"。当南极的冬季来临时,冰藻进入海冰,像种子一样贮存在海冰中,安然无恙地度过漫长而昏暗的寒冬。夏季海冰融化时,它又将被其释放出来,播种到海水中去。冰藻一进入海水就像出笼的鸟一样,自由自在,分外活跃。它充分利用短暂夏季的明媚阳光和海水的丰富营养,迅速生长、繁殖,顿时使碧蓝的大海变成绿棕色,从而招来了磷虾等摄食冰藻的浮游动物,同时,也招来许多捕食浮游动物的海鸟和海豹等大型动物。于是,一个庞大的浮冰区的食物链便由此产生。冰藻在南极海洋生态系中是冰区浮游动物的重要营养来源,是食物链中基础的一环,也是南大洋生物链中重要的一环。

196. 冰藻为什么不怕紫外线？

冰藻对紫外线辐射有较强的自卫能力,这是芬兰科学家于1989年首次发现的。近年来又发现,南极上空出现臭氧亏缺现象,甚至出现臭氧洞,这对南极的生物极为不利,除严重影响地面生物外,对海洋生物也是一个威胁,因为紫外线可以穿透海水10米～30米。已有研究结果表明,臭氧洞能使海洋浮游植物的生产力降低四分之三。强烈的紫外线还会影响生物细胞内的遗传物质,严重时还会导致生物的遗传病和产生突变体。然而,在研究臭氧洞对海洋的穿透力时,意外地发现了冰藻对紫外线有吸收和屏蔽作用。因为冰藻能吸收波长为270毫微米和330毫微米的紫外线,这一功能十分重要,它能使强烈的紫外线不透入海水,从而保护了冰下海水中的海洋生物。

197. 南极的陆生动物有哪些？

为寻找南极的陆生动物,科学家们可花费了不少精力呢。他们把少量的南极泥沙放进容器,在水中搅拌,发现了有非常微小的、肉眼甚至难以察看到的微小生物浮在水面;又在容器底面稍加热驱赶,也观察到一种叫作蜱的微小动物,当然还有其他的用肉眼难以辨别的动物。在南极裸岩地区已经被科学家确认的陆生动物,能看到有小型节肢动物蜱类和昆虫类。蜱分布在整个南极大陆,除海岸的裸岩地带外,内陆的山脉也有发现。昆虫类中的跳虫也分布在南极大陆,据报道罗斯海地区就有10种,它们分布的范围很广,一直到南纬84度;但蠓只是分布在南极半岛和南设得兰群岛等相对温暖的地区。

198. 南极湖泊中生长的生物有哪些?

人们已经知道,南极大陆周围的海洋中生长着各种动植物,磷虾和鱼类等海洋生物资源,要比预想的还要丰富。与此相反,陆上裸岩区的生物却极少,但是,散布在裸岩区的湖泊中和湖底里却是生物生存的良好环境。在那些地方,气温虽在冰点以下,但夏季在水深10米左右的水温有时可上升到10℃～20℃,即使在冬季也能保持在5℃左右的湖泊并不少见。这样一来,陆上的低温、干燥、缺乏营养等恶劣条件在湖泊中似乎并不存在了。据报道,科学家曾在数米深的湖底发现厚达几十厘米的蓝藻类,还繁茂旺盛地生长着30多厘米长的水生苔藓。

研究南极生物的分布和进化是一个极有趣的问题。科学家还在南极发现,在盐度比海水还浓几倍的盐湖中,有不少鞭毛类、绿藻类和硅藻类等植物繁茂地生长的例子。在比较暖和的南极半岛周围的湖泊中，有浮游生物在那里遨游，在湖岸上生长着蠓、跳虫（水虱）等昆虫类。通常，在大小为数平方千米，水深达100米的湖泊深处，由于表面冰厚，上面又多积雪，因而光照量极少，这种湖泊中就极少有植物了。

极地科考

揭开奥秘的考察

199. 是谁发现了南极?

数百年来，各国数以千计的探险家和科学家，奔向南极洲，有的将毕生的精力，甚至生命，贡献于南极大陆的发现与研究上。但谁是第一个发现南极大陆的人呢？迄今仍有很大争议。这一方面是客观的原因，年代久远，证据不充分；另一方面则是主观的原因，涉及有些国家对南极的领土要求和民族尊严等。英国探险家库克，经过两次环球航行后断言，不可能存在一个富饶的南方"未知大陆"，但后来却有些人拼命证明他是第一个发现南极大陆的人。俄国的别林斯高晋和拉扎列夫看见了靠近南极大陆的亚历山大一世地，但有些人却说他们不知道看见的是什么。无论如何，这些早期南极探险的先驱们那种不畏艰险的精神和毅力，是值得称颂和学习的。他们的业绩，不但名垂于史册，而且还鼓舞和激励着一代又一代探险家和科学家投身于南极科学考察事业。

俄国别林斯高晋站

200. 最早去南极探险的是哪些国家的探险家？

最早寻找南方"未知大陆"的有英国、俄国、美国和法国。

英国的詹姆斯·库克，在1768年率船开始寻找南方大陆，首次环绕南极航行，驶进南极圈，抵达南纬71度10分的海域，他是南极探险的先驱。英国的威廉·史密斯，在1819—1821年，5次率船到南极海域航行，发现了南设得兰群岛。俄国的别林斯高晋，在1819年率船到南极，驶入南极圈，环绕南极航行，几经航行，在1821年发现距南极大陆不远的彼得一世岛。美国的纳撒内尔·帕尔默，在1820年率船驶向南设得兰群岛海域，继续航行，发现南极半岛。英国的詹姆斯·威德尔，在1822年率船向南极挺进，创造了南行的新纪录，到达南纬75度15分的海域。法国的迪蒙·迪尔维尔，在1839年向南极进发，在南极圈附近，发现一条海岸线，并登上岸边。

英国的詹姆斯·罗斯，从1840年开始，率船驶抵南纬78度11分的海域，又创下了向南航行的最高纪录，发现了大陆冰障和两座火山以及多个群岛，并寻找到南磁极，进行了精确的测量。

201. 第一个到达南极点的人是谁？

1911年12月14日，挪威著名极地探险家罗阿德·阿蒙森历尽艰辛，闯过难关，终于成为人类第一个登上南极点的人。

阿蒙森从小喜欢滑雪旅行和探险，他是世界西北航道的征服者，曾经3次率探险队深入到北极地区。1897

年,他在比利时探险队的航船上担任大副,第一次参加了南极探险活动。1909年,当他正在"先锋"号船上制订征服北极点的计划时,获悉美国探险家罗伯特·皮尔里已捷足先登,他便毅然决定放弃北极之行的计划,改变方向朝南极点进发。

1910年8月9日,阿蒙森和他的同伴们乘探险船"费拉姆"号从挪威启航。他在途中获悉,英国海军军官斯科特组织的南极探险队,也是以南极点为目标,早在两个月前就出发了。这对阿蒙森来说,是一个不是挑战的挑战,他决心夺取首登南极点的桂冠。

经过4个多月的艰难航行,"费拉姆"号穿过南极圈,进入浮冰区,于1911年1月4日到达攀登南极点的出发基地——鲸湾。阿蒙森在此进行了10个月的充分准备,于同年10月19日率领5名探险队员从基地出发,开始了远征南极点的艰苦行程。前半部分大约六七百千米的路程,他们乘狗拉雪橇和踏滑雪板前进。后半部分路程主要是

阿蒙森像

爬坡越岭,尽管遇到许多高山、深谷、冰裂缝等险阻,但由于事先准备充分,加上天公作美,他们仍以每天30千米的速度前进。结果仅用2个月不到的时间,就于同年12月14日胜利抵达南极点。阿蒙森激动的心情简直难以

言表。他们互相欢呼拥抱,庆贺胜利,并把一面挪威国旗插在南极点上。他们在南极点设立了一个名为"极点之家"的营地,进行了连续24小时的太阳观测,测算出南极点的精确位置,并在点上叠起一堆石头,插上雪橇作标记,还在南极点的边上搭起一顶帐篷。阿蒙森深信斯科特很快就能到达南极点,而自己的归途又是相当艰难的,任何意外都有可能发生。于是,他便在帐篷里留下了分别写给斯科特和挪威哈康国王的两封信。阿蒙森这样做的用意在于,万一自己在回归途中遇到不幸,斯科特就可以向挪威国王报告他们胜利到达南极点的喜讯。

阿蒙森在南极点上停留了3天。12月18日,他们带着两架雪橇和18只狗,踏上了返回鲸湾基地的旅途。1912年1月30日,他们再乘"费拉姆"号离开南极洲,于3月初抵达澳大利亚的霍巴特港。

阿蒙森伟大的南极点之行,轰动了整个世界,人们为他所取得的成就欢呼喝彩。

202. 最伟大的南极探险家是谁?

罗伯特·弗肯·斯科特是英国皇家海军军官,原先他既不是探险家,也不是航海家,而是一个研究鱼雷的军事专家。1901年8月,他受命率领探险队乘"发现"号船出发远航,深入到南极圈内的罗斯海,并在麦克默多海峡中罗斯岛的一个山谷里越冬,从而适应了南极的恶劣环境,为他后来正式向南极点进军打下了基础。斯科特攀登南极点的行动虽比挪威探险家阿蒙森早约2个月,但他却是在阿蒙森摘取攀登南极点桂冠的第三十四天,才到达南极点,他的经历及结果与阿蒙森相比有着天壤之别。虽然他到达南极点的时间比阿蒙森晚,但却是世界公认的最伟大的南极探险家。

1910年6月,斯科特率领的英国探险队乘"新大陆"号离开欧洲。1911年6月6日,斯科特在麦克默多海峡安营扎寨,等待南极夏季的到来。10月下旬,当阿蒙森已经从罗斯冰障的鲸湾向南极点冲刺时,斯科特一行却迟迟不能向目的地进军。因为天气太坏,虽然是夏季,但风暴不止,又有几个队员病倒了,所以直到10月底,斯科特才决定向南极点进发。

斯科特

1911年11月1日,斯科特的探险队从营地出发。每天冒着呼啸的风雪,越过冰障,翻过冰川,登上冰原,历尽千辛万苦。当他们来到距极点250千米的地方时,斯科特决定留下他本人和37岁的海员埃文斯、32岁的奥茨陆军上校、28岁的鲍尔斯海军上尉,继续向南极点挺进。

1912年初,应该是南极夏季最高气温的时候了,可是意外的坏天气却不断困扰着斯科特一行,他们遇到了"平生见到的最大的暴风雪",令人寸步难行,他们只得加长每天行军的时间,全力以赴向终点突击。

1912年1月16日,斯科特一行忍着暴风雪、饥饿和冻伤的折磨,以惊人的毅力终于登临南极点。但正当他们欢庆胜利的时候,突然发现了阿蒙森留下的帐篷和给挪威国王哈康及斯科特本人的信。阿蒙森先于他们到达南极点,对斯科特一行来说简直是晴天霹雳,一下子把他们从欢乐的极点推到了惨痛的极点。

此刻,斯科特清楚地意识到,队伍必须立刻回返。他们在南极点呆了2天,便于1月18日踏上回程。半路上,两位队员在严寒、疲劳、饥饿和疾病的折磨下,先后死去。剩下的队员为死者举行完葬礼,又匆匆上路了。在距离下一个补给营地只有17千米时,遇到连续不停的暴风雪,饥饿和寒冷最后战胜了这些勇敢的南极探险家。3月29日,斯科特写下最后一篇日记,他说:"我现在已没有什么更好的办法。我们将坚持到底,但我们越来越虚弱,结局已不远了。说来很可惜,但恐怕我已不能再记日记了。"斯科特用僵硬不听使唤的手签了名,并作了最后一句补充:"看在上帝的面上,务请照顾我们的家人。"

过了不到一年,后方搜索队在斯科特蒙难处找到了保存在睡袋中的3具完好的尸体,并就地掩埋,墓上矗立着用滑雪杖做的十字架。斯科特领导的英国探险队的勇敢顽强精神和悲壮业绩,在南极探险史上留下了光辉的一页。他们历尽艰辛,艰苦跋涉,却没有将所采集的17千克重的植物化石和矿物标本丢弃,为后来的南极地质学作出了重大贡献。他们探险的日记、照片,也都是南极科学研究的宝贵史料,至今仍完好地保存着。为了让人们永远地纪念他们,美国把1957年建在南极点的科学考察站命名为阿蒙森-斯科特站。

203. 为什么会发生斯科特的悲剧？

斯科特虽然成功地到达南极点，却没能够平安归来，最后全军覆没，其中的原因有以下几条。首先，斯科特非常迷信人拉雪橇的优越性，但对使用爱斯基摩狗有偏见，因而他选择攀登南极点的主要运输工具是西伯利亚矮种马和3辆履带式拖拉机。拖拉机只走了几天，注油系统就坏了，只得作为一堆废铁扔在雪地里。由于西伯利亚矮种马不能适应南极高原恶劣的环境，体力不支，斯科特一行只好在崎岖的冰原上用人力拖着笨重的雪橇步行前进，消耗了队员大量体力，也影响了行进速度。其次，他们返回在罗斯冰架上预设的补给仓库时发现，装在油桶里的煤油神秘地流光了。后来人们才知道，焊锡在低温下会变成粉末状，煤油流失是焊锡变性所致。再次，坏天气不断困扰着斯科特一行，原本应该是相对较好的天气却变成少见的狂风暴雪，使斯科特一行无法前进。最后，尽管离补给营地只有17千米了，但这居然成为他们可望而不可即的目标。

204. 人们为什么要进行南极考察？

在一般人的印象中，南极是位于地球一隅的孤僻独立的白色大陆，与我们生活的绿色世界隔着千山万水，似乎没有必要开展全球合作式的大规模科学考察活动。其实不然，地球是一个整体，中国的自然环境的形成和演化是地球环境的一部分，南极洲的存在和演变与各国有着密切的关系。地质科学家研究南极洲及古冈瓦纳大陆的演变对于认识地壳演化、动植物的形成和分布以及成矿规律都具有重要意义;气候与每个人的生活息息相关,是全人类普遍关心的重要问题,气候学家研究全球性的气候变化更是不能不考虑南极;南极洲生态系统比较独立而且基本上保持其原生状态,为研究生物学及生态环境提供了非常良好的条件;南极洲作为受人类干扰最少的大陆,它不仅提供了全球环境演变的历史背景信息,而且还是研究目前全球环境变化最有价值的"参照区";由于南极特殊的地理位置,又使其成为研究空间物理和宇宙学的良好场所;保留在冰雪中的陨石是南极奉献给人类的一份厚礼,对南极陨石的研究将有助于科学家探索星空的奥秘,也许还能揭开宇宙间生物起源的奥秘呢;南极丰富的生物资源和矿产资源一直对人类构成了巨大的吸引力,也许若干年后,南极洲将作为人类最后的矿藏基地被开发利用。当然,神秘的南极对科学家的吸引力还有很多很多,随着南极科学考察的深入,还将有更多的重大课题等待人们的发现。

205. 各国对南极考察的投入是多少?

南极考察是一项长期而艰苦的工作,需要耗费大量的财力和物力,能够充分地体现各国的综合国力,因而主要表现为各国政府行为。各国对南极考察的投入相差巨大,按照1999年的投入分别是:阿根廷约350万美元、法国2650万美元、智利800万美元、英国约3500万美元、新西兰750万美元、瑞典750万美元(含北极经费),而投入最多的美国是2.5亿美元(含北极考察经费)。我国极地考察的维持经费每年也大约合几百万美元,在经费偏低的条件下,建成、维持着两个常年科学考察站和一艘破冰船,并取得了一大批科研成果,有些还达到世界领先水平,实在是难能可贵的。

206. 中国南极长城站气象条件如何?

中国的两个南极考察站都在南极洲边缘地区,相对而言,自然条件要好一些。长城站在亚南极,属典型的副极地海洋性气候,与南极大陆相比,温和湿润。夏季代表月1月份的平均气温为1.3℃,冬季代表月7月份的平均气温为零下8.0℃,年平均气温在零下2℃左右,极端最低温度为零下26.6℃;全年多降水,阴到多云的天数约占80%,降水天数达249天,年平均湿度为88%,年降水量630毫米左右,以降雪为主,是南极洲最暖、最湿的地区之一。暴风雪频繁是长城站的最大特点,长城站地区极地气旋活动频繁,经常吹东南偏东风,极大风速为40.3米/秒,个别月份大风日数可达16天之多,全年出现8级以上大风天数为140天,是研究极地气旋活动的好地方。

207. 中国南极中山站气象条件如何?

中山站位于南极大陆沿海,气象要素的变化与长城站差别较大,比长城站寒冷干燥,更具备南极极地气候特点。中山站年平均气温为零下10℃左右,极端最低温度达零下45.7℃;中山站地区受来自大陆冰盖的下降风影响,常吹东南偏东风,8级以上大风天数达174天,极大风速为43.6米/秒;降水天数为162天,年平均湿度为54%,全年晴天的天数要比长城站多得多。中山站有极昼和极夜现象,连续白昼时间为54天,连续黑夜时间为58天。中国在南极所建立的两个常年考察站都设有气象站,都已在世界气象组织注册,全年对各气象要素进行不间断的观测。

中国南极中山站广场

208. 南极考察站的物资是怎样运输的?

南极之所以最晚被人类发现,就是因为她地处偏远,环境恶劣,特别是环绕南极大陆的海冰,直接阻挡了人类探索的脚步。各南极考察站的物资运输也是各国南极考察的一项非常主要的工作,因为相比世界其他地区,南极考察站的物资运输和补给是非常困难的。多数南极考察站建立在南极周边沿海,破冰船可以撞破坚冰,开航到离岸不远处,若海冰足够结实,就实施海冰卸货,用船上的吊车把货物吊放到船旁的冰面上,再用其他车辆转运到考察站,同时可以从船到站连接输油管线,进行燃油补给。若海冰已经破碎,可以实施小艇卸货,把货物分批转运上岸,有些不太重的货物可以用直升机吊运。有些考察站建立在南极的内陆，就需要在此基础上再用雪地车和雪橇将物资拖带到内陆的考察站，这就相当费时费力，并且有一定的危险，因此个别考察站附近建立了冰盖机场，考察站的物资大多依靠大型运输机运输，做到了快捷、方便、安全。

岸边卸货

209. 小艇卸货时最常见的困难是什么？

中国南极考察经常使用的运输方式是在南极进行小艇运输，从大船上放下携带的小艇或驳船，装载考察站用物资，转运到岸边码头。但由于南极沿岸经常聚集的浮冰，极大地干扰了小艇卸运工作，经常造成小艇桨叶损坏，舵叶被撞掉，驳船被撞漏和被冰封住动弹不得的情况。特别是在中山站附近，几乎每年都发生小艇被浮冰围困的事情。对此，小艇上随时准备了御寒的服装、几天的应急食品和必备的通讯器材，以备不测时使用。

210. 小艇运货被浮冰围困时间最长的是哪一次？

1993年2月5日，"极地"号来到中山站附近。经直升机侦察，认为岸边的浮冰较疏，可以放下运输艇进行卸货，运输艇下水后装一个集装箱向中山站驶去。从15时

17分离开大船,到17时55分靠岸,用了2小时38分钟,穿越了约1海里(约1.8千米)的浮冰区,在开阔水域中航行1海里用不上10分钟,而这次用了2小时38分到岸还算是很顺利的;当小艇从岸边返回大船时已是22时,这时下降风已达4级~5级,岸边的浮冰已开始收缩。小艇往外航行时虽还有水域,但已经比较困难,23时30分小艇又离开大船向站区航行。就是这第二次离船创下了中国南极考察中小艇运货时被浮冰围困时间最长的记录。

小艇运送南极物资

当小艇第二次离开大船返回到冰区边缘时,浮冰已紧缩无隙,小艇转回大船,这时的下降风已稳定在5级风力。因这里没有合适的锚地,大船不能抛锚,无奈只能拖着小艇在5级的东北风中低速绕行在湾内,5级的风力虽不大,浪也不高,但对小艇而言,却称得上大风大浪的天气了。涌浪使小艇上下起伏达2米多高,不停地与大船碰撞,拴艇的缆绳虽然换上了10吨负荷的铜缆,仍有被拖断的危险。在这种状况下,小艇要走无处去,因为艇上已装上了货物,要吊上大船又吊不动,在这种危险的情况下只能慎重地操纵船舶,尽量将小艇置于下风舷。这样持续了10余个小时,到了6日13时10分,强劲的东北风仍然没有减弱,但天气似乎出现好转的迹象。连夜纷纷扬扬的大雪已停止,岸边的浮冰也有松动的趋势,小艇再次离开大船向站区航行。在冰区的边缘经过一段时间的寻找,终于进到了浮冰里面,但却无法继续航行到岸,只好停船再等待。

到了17时,距岸边只有500多米了。但眼前的浮冰使小艇寸步难行。天降大雪,能见度极低,东北风加大,疏散的浮冰又重新聚拢,小艇已经被封锁在浮冰中。尽管机器在不停地转动,小艇上最暖和的机舱里的温度已经是在零下3℃～5℃。艇上人员又用了很长的时间,终于把小艇开到了一座大的冰山下,这里的海面在冰山的遮挡下比其他地方相对平静一些,而且碎冰块也较少,小艇靠在一块较大的浮冰旁边(这种浮冰可作为起落直升机的机场),等待直升机来接小艇上的工作人员。小艇停在那里没有多久,四周的海水便结起了5厘米～10厘米厚的海冰,这层厚厚的海冰对小艇的平稳停泊有利,但夜里的气温却越来越低,已达零下7℃～8℃。由于夜晚一阵阵地下着大雪,直升机起飞有困难,从6日13时离开大船直到7日晨7时,这18个小时里,艇上人员靠饼干和快要冻冰的矿泉水充饥,在冰区中度过寒冷的夜晚。7日,直升机起飞把艇上人员接到站上休息,留下一人看守,12时30分直升机又把开艇人员送回艇上。待到14

时后风力逐渐减弱,浮冰块之间有所松动,结冻的新冰也开始融化,又出现了航行的希望。但是,他们长时间地开足马力,不论是前进还是后退,左转还是右转,小艇仍然原地不动。这时小艇的舵已经被冰撞坏,掉到海里了。没有舵的船在冰中航行就更加困难了,小艇只好开着机器顺着冰缝向前顶,由船口人员用钩篙抵住冰块为小艇调向,在距岸边大约300米时,冰缝有了较明显的扩大,小艇一步步地往前移动,在17时55分,小艇终于在距岸约20米远的地方把缆绳投到了岸上,在7日的18时50分靠到了岸边。

如果从5日的23时30分小艇第二次离开大船计算,这一艇货用了43小时20分钟才送到岸边。

211. 南极人怎样确定自己的位置?

人们通常确定自己位置的方法是使用地图,特别是使用标注详细的大比例尺地图。科学家们现在希望利用人造卫星所拍摄的照片和飞机航拍的照片绘制中比例尺的南极地图,但由于严酷的自然环境限制了人类的活动,至今,这一愿望还没实现,在一眼望不到边的白茫茫的南极内陆冰盖,南极考察队员是怎样确定自己所在的位置呢?

退一步讲,即使是有了地图,无奈南极大陆的雪原犹如茫茫大海一样,没有任何参照物,也难以在地图上确定出自己的位置。于是,在南极早期探险的人们曾经一边记录下狗拉雪橇和雪上车辆移动的距离和方位,一边来推断自己所在的大致位置,而在有的地方,就采用过去航海时那样的办法,由观测太阳和星星来定位,即应用天文测量方法。

20世纪80年代后期,南极考察普遍采用了先进的全球定位系统(GPS)的定位方法,利用卫星定位仪,在地球的任何一个开阔的地方都能同时接收到4颗卫星信号,从电波的相差能立即把经度、纬度和高程三维位置高精度地确定下来。因此,自从南极大陆上运用了测地卫星的新技术,进行定位变得既迅速又正确,南极考察队员再也不担心在茫茫冰原上辨不清位置和方向了。

212. 南极考察站有哪些类型?

目前,世界上有20个国家在南极洲建立了150多个科学考察基地,这些众多的考察站,根据其功能大体可分为三类:常年科学考察站、夏季科学考察站、无人自动观测站。从各国南极科学考察站的分布来看,大多数国家的南极站都建在南极大陆沿岸和海岛的夏季露岩区。只

阿根廷布朗海军上将站

有美国、俄罗斯(前苏联)和日本在南极内陆冰原上建立了常年科学考察站。其中,美国建在南极点的阿蒙森-斯科特站和俄罗斯的东方站最为著名。

213. 南极常年科学考察站是什么样子?

南极常年科学考察站一般规模较大,各种建筑设施齐备,一年到头都有人在站上工作。在这些站里,科学研究项目较多,实验手段先进,许多项目是常年连续不间断地进行,即使是在严酷的隆冬,科学观测工作也不停止。因为是常年有人居住,所以站上在后勤保障、交通、通讯、生活设备等方面,基本上能满足队员生活、工作的需要。不过这种站一般夏季人员较多,冬季人员相对减少,越冬人员包括后勤保障人员和科学家两部分。常年科学考察站就像一座建在南极冰雪王国的微型城镇,所以又被人们称为南极科学城。目前,在南极地区,常年科学考察站有50多个。我国的南极长城站和中山站都是常年科学考察站。

214. 南极夏季科学考察站是什么样子?

南极夏季科学考察站,顾名思义,就是每年南极夏季(11月至次年3月)才有科学家工作的考察站。冬天到来之前,人员撤离,考察站也就关闭,待到来年夏季再使用。一般来说,这种站的规模相

澳大利亚夏季站

对较小,但有些也备有动力、机械设备和队员生活居住的设施。南极夏季科学考察站大多数是常年科学考察站的"子女"站或叫作"卫星"站。它们大多数建在条件恶劣,而又特别具有科学研究意义的地区。目前,这种夏季科学考察站在南极洲大约有100多个,经常使用的有70~80个。我国在南极洲建有一个夏季科学考察站——昆仑站。

215. 南极无人自动观测站是什么样子?

近年来,随着科学技术的飞跃发展,航天技术、卫星观测技术、无线电遥控技术、机器人技术等现代高技术逐步用于南极科学考察,人们广泛使用各种自动化仪器设备,把它们安置在无人站里,通过定时发送观测记录等方式,达到记录和了解这个地区的自然环境的目的。目前,无人自动观测站在南极洲越来越多,大多数无人自动观测站主要用于收集气象、地磁、地震资料。目前,我国在从中山站—昆仑站的断面上布设有约10个自动观测站。

216. 什么是南极避难所?

同学们,你们知道南极上的避难所是做什么用的吗?由于南极的气象复杂多变,特别是突然而起的暴风雪对正在进行野外考察的人员形成了巨大的威胁,但这种恶劣天气通常不会持续太久,最多2天~3天就会过去,因此,许多国家为了使野外考察的科学工作者在遇到危险或紧急情况下能有个临时躲避之处,就设立了许多避难所。避难所里存放着一些食品、燃料、通讯器材、御寒服装等,几个人在避难所生活几天是不成问题

的,待天气转好再走。这些避难所的门上可是从不上锁的,各国考察队员以及游客和探险者遇到不测时,都可以自行进住,避险躲风,饿了有食物,冷了有衣被,自行取用,不用付款。这才是救难护险的国际人道主义精神的具体体现呢。

217."中国人应该去南极"是谁最先提出的?

早在20世纪二三十年代,中国就出版了好几本南极方面的书籍,最著名的就是《两极探险记》,开始介绍南极各方面的知识;新中国成立后,新闻界撰写了大量的有关

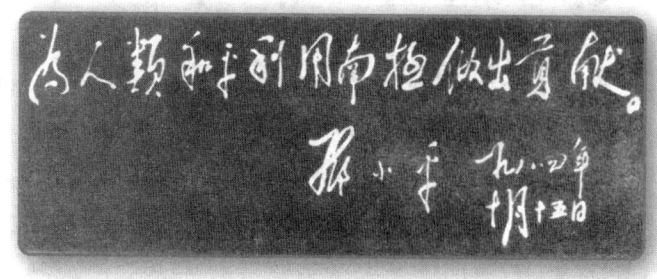

邓小平为南极考察题词

南极知识的文章,出版界编辑出版了很多有关南极自然地理、生物和矿产、探险史方面的书籍。1957年,中国科学院副院长竺可桢教授首先指出了"中国人应该去南极,研究南极"。20世纪60年代,在制定中国科学技术发展规划时,又有很多科学家再次提出要考察和研究南极。中国的国家海洋局在正式成立时,国务院、全国人大常委会批准的六项任务中,就包括"将来进行的南、北极海洋考察工作"。1981年,我国成立了国家南极考察委员会办公室。1983年,第五届全国人大常委会第二十七次会议

上又正式通过我国加入《南极条约》的决定。

218. 我国南极考察始于何时？

中国的南极考察活动始于20世纪80年代初。

中国"南极人"升旗仪式

1980年1月，中国首次派出2名科学家赴澳大利亚的南极凯西站，初访南极洲并进行科学考察活动，从而揭开了中国南极考察事业的序幕。到目前为止，中国已先后选派了50多名科学家到友好国家的南极站或南极考察船上进行科学考察。1985年2月20日，中国首次在南极洲南设得兰群岛的乔治王岛上建成中国第一个南极科学考察基地——中国南极长城站；1989年2月26日，又在东南极拉斯曼丘陵上建成中国第二个南极科学考察基地——中国南极中山站。

219. 中国首次南极考察队的任务是什么?

1985年2月20日,中国第一支南极考察队登上了南极大陆,它的主要使命就是建站。591名考察队员(包括海军官兵和船员)没有辜负祖国人民的重托,战风雪斗严寒,仅用50天的时间就建起了中国第一个南极考察基

"雪龙"号船

地——中国南极长城站。同时,科考队员还开展了首次陆上和海上科学考察活动,并在站上首次越冬。在南极建站可是一项特殊使命,在完成这一特殊使命过程中,中国的考察队员们用自己顽强的意志、坚韧的毅力、沸腾的热血和辛勤的汗水凝成了一种特殊的精神,这就是讲理想、讲科学、守纪律和顽强拼搏的南极精神。这种南极精神在以后的历次南极考察队中被不断发扬和光大。

220. 中国首次南极考察遇到了什么危险？

1985年1月24日，中国首次南极考察队的"向阳红10"号船在西经69度15分驶入南极圈，这是中国船只第一次驶入南极圈。26日，就遭到12级以上极地强气旋风暴的袭击，风速猛增到34米/秒，浪高12米，波长100米。万吨级的大船，犹如一叶小舟，在波峰浪谷中大起大落。巨浪撞击船体，冲过船头，涌向上甲板，使船体剧烈震动，颤抖不止。装在水线下7米多深的两个推进器，有9次露出水面打空转，造成飞车。船随时都有失控的可能，情况十分危急。首次考察队指挥组向祖国首都发出了"情况很危险"的急电。在这生死存亡的紧急关头，船员个个坚守岗位，与狂风巨浪搏斗。船长张志挺过去曾多次驾船闯过太平洋，但从未遇到过如此凶猛的风浪，面对险情，他沉着镇定，始终坚守在驾驶室，选择最佳航向，使用正确的规避方法，以娴熟的技术和准确无误的动作，操纵船只脱离危险，保证了安全。尽管狂风巨浪打翻了后甲板5吨吊车操纵台，船舷铁门被打入海中，5层甲板大餐厅周围裂缝6处，但国产"向阳红10"号船经受了极圈风暴的考验，显示了中国造船工业的实力。

南纬40度以南洋区，是举世闻名的西风带，船员早就领教过，记忆犹新。首次队完成建站和科学考察任务后，"向阳红10"号船撤离长城站，3月11日，船队驶出麦哲伦海峡西口，进入西风带。风暴越来越强烈，大浪大涌，船只颠簸得十分厉害，尤其是横向摇摆更为剧烈。惊涛骇浪打在7层舷窗上，室内所有物品都翻滚了，12日凌晨1时,船艉18米多高天线塔上的30千瓦大型通讯天线(重约1.5吨)被摇晃掉了,砸在甲板右舷栏杆上。当时风速为25米/秒,船只摇摆35度。为了避开顶风逆流,首次队果断地决定改变航线,沿南美西海岸北上,并4次调整航向,才再次闯过狂暴的西风带,驶入原计划航线,于1985年4月10日安全返回了上海港。

221. 中国南极长城站为什么选在乔治王岛?

南极洲是不毛之地,要进行科学考察,必须首先建立考察站,为考察人员提供包括衣、食、住、行在内的各种后勤保障。因此,南极考察的一切需要,在国内都要进行精心准备,稍有疏忽,就会给考察工作带来极大的困难。准备过程中,中国南极站站址的初选,是当时南极考察委员会(以下简称:南极委)首先考虑的问题,因为它涉及以后各项工作的进行。在对南极自然地理有了较全面了解的基础上,南极委认为,东南极洲尽管离中国较近(相对于西南极洲而言),但在当时没有破冰船或抗冰船的情况下,要登上东南极大陆显然要冒极大的风险,因此,暂把视线转向了西南极洲的南极半岛和南设得兰群岛。根据南极委副主任、国家海洋局局长罗钰如率团随阿根廷的抗冰船"天堂湾"号航行的体会,在南极半岛建站仍有很大困难。于是,南极委选定南设得兰群岛作为中国第一个南极站的站址。站址的具体位置还要通过实地勘察,看是否具备较大的露岩地域、船只易接近、卸货方便、有充足的淡水资源和站区可开展综合科学考察等条件再定。之后,预选出11个站址,其中以菲尔德斯半岛南部地区最为理想,这是一块台阶式鹅卵石地带,地域开阔,有3个宜饮用的淡水湖;海岸线长、滩涂平坦,便于小艇抢滩登陆;距智利马尔什基地机场仅2.3千米,交通方便;夏季露岩多,地衣、苔藓等植物发育也比其他地点好,企鹅和其他鸟类在此栖息繁殖,适宜开展多学科考察。最后,中国南极长城站就选定在这里。

222. 中国南极中山站为什么选在拉斯曼丘陵?

出于对南极科学考察方面的考虑,从20世纪80年代初开始,国家有关部门就为东南极洲建站作准备。首先,广泛开展了调研工作,多次派专家、学者到日本昭和基地、前苏联青年站及和平站、美国麦克默多站、澳大利亚凯西站参观访问,搜集建站资料,学习外国经验,实地考察了自日本昭和基地、戴维斯站、莫森站至罗斯海的南

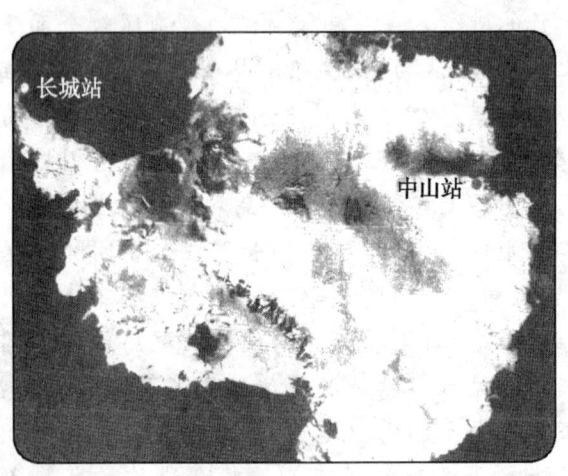

中国南极长城站、中山站的地理位置

极大陆沿岸的许多地段,取得了第一手资料。在此基础上,多次组织专家、学者进行可行性论证,听取各方面的意见,形成最佳方案,预选出两处预备站址,一是普里兹湾内的拉斯曼丘陵地带,即位于南纬69度、东经76度附近;二是阿蒙森湾沿岸。这两处均属露岩地带,易于登陆,有丰富的淡水资源,地域广阔,便于发展,而且可作为向南极内陆进行科学考察的前进基地。

1988年10月初,我国派先遣组随澳大利亚"冰鸟"号考察船赴南极洲,登上拉斯曼丘陵,对预选站区的地理环境、自然条件、淡水资源和地形特点等进行了实地勘察,认为拉斯曼丘陵的建站条件比阿蒙森湾要优越些。南极委根据先遣组的实地勘察报告,最后确定中山站就建在拉斯曼丘陵地带。

223. 中国首次东南极考察队遇到了什么危险?

在1985年2月20日,中国第一个南极站建成以后,又于1988年12月开始执行第二个建站计划。12月21日,担负中山站建站任务,正在冰区航行的"极地"号船左舷水线以下部位,被坚冰撞破了一个直径约30厘米的圆洞,到第二天竟扩大成1.1米×0.7米的椭圆形洞口。船队领导深知形势严峻,船能不能继续承受坚冰的撞击,洞口还会不会扩大?经过查阅有关船体结构、性能的资料,分析洞口所处位置对整个船体安全的影响,认为最好的办法是立即把洞口补上修复。但由于洞口处在船体水下部位,"极地"号缺乏在水下施工作业的条件。经过反复研究,最后作出了一项冒险的决定:带伤继续航行,同时加强监视监测。总指挥如实地向全体人员通报了险情,又请轮机长介绍船体结构性能。通过这些工作,稳定了大家的思想情绪。

1989年1月14日,正当"极地"号船准备按计划卸运建站物资时,距左舷约0.8海里处的巨大冰盖发生了特大冰崩,小山一样高的万年冰山,突然崩塌下来,海水被激起数十米高的巨浪,卷着房屋大小的碎冰横冲直撞,迅速布满了"极地"号前后左右10平方千米的海域,情况危急,"极地"号再次处于危险状态之中。总指挥、队长、船长迅速跑到驾驶室,立即下令:"躲避冰崩冲击波"。在生死关头,全船人员镇定自若,各就各位,有的把贵重仪器搬到上层船舱,有的将公文要件装进密封包裹。摄影师为了记下这惊险的场面,不顾个人安危,抢拍冰崩镜头;第一次冰崩后,又接连发生了3次大冰崩。一些国家的南极站闻讯后为之震惊,从几百千米外前苏联青年站飞来的大型运输机,围着"极地"号上空往返盘旋,表示关注;澳大利亚戴维斯站的两架直升机也赶来传达澳大利亚南极局局长的慰问。"极地"号船寸步难行,被困冰海,考察队临时党委召开紧急会议,研究抗灾建站的措施,组织了抢险救生组、冰情观察组,作了紧急情况下弃船保人身安全的部署。为防不测,决定先把40名队员,用直升机转移到陆地上,安置在中山站临时架起的帐篷内,同时,严密监视冰崩和周围冰山、浮冰的动向。1月21日,冰情意外地发生了新的变化,位于考察船前方的两座冰山因各自移动速度的差异,中间出现一条可容"极地"号通过的狭窄水道,"极地"号冒险从这条狭窄水道中冲出去,结果一举成功。"极地"号脱离了险境,进入宽阔水域,结束了一个月来被冰围困的危险局面。

224. 中国第六次南极考察野外工作遇到什么危险情况?

1990年1月14日,中国第六次南极考察队冰川学考察组韩健康、康建成和温家洪3位同志在柯林斯冰帽考察时与长城站通讯中断。长城站决定要采取一切措施与冰川组同志取得联系,通讯值班人员由1人增加到3人,备用电台、高频机、大功率远程电台全部打开,报务员嗓子都哑了,仍然没有回音。

1月15日,暴风雪袭击长城站,平均风速超过12级,气温骤然下降了12℃。长城站到处告急:气象场的卫星云图接收天线铁塔被大风吹倒;西湖引水栈桥移位;上下管道扭弯漏水;高层大气哨声接收铁塔的拉线被大风刮断……站长和队员们一夜未眠,组成营救小组,反复思考着营救方案。

1月16日,暴风雪仍未减弱,营救小组开赴冰盖,尽全力营救被困人员。雪地车在大风雪中慢慢地爬向冰盖,茫茫冰盖与飞雪融为一体,能见度很低,刚刚行驶了不到1千米就迷失了方向。经过认真研究调整了方向,营救组第二次上冰盖,由于能见度仅4米,第二次营救又归于失败。气象人员从气象卫星云图资料上判断,明天上午天气有可能变好,在两个气旋之间,有三四个小时风力不大。

1月17日7时47分,营救小组在柯林斯冰盖上看到了两辆半埋在雪里的摩托车,见到一个人影在活动,还有两个队员先后爬出只露一个小圆顶的充气帐篷。营救人员与冰川组的同志汇合了。他们三人的身体已经十分虚弱,全身冰凉、发抖,队员立即护送他们上雪地车。

7时50分,被困在冰盖4天3夜的冰川组安全脱险,营救成功的消息经长城站传到首都北京,传到了中南海,很快又传来了国务委员、国家科委主任宋健代表国务院的亲切问候,传达了祖国和人民对考察队员的亲切关怀。

225. 中国第七次南极考察队遇到什么危险?

1991年3月5日,中国第七次南极考察队乘"极地"号返航途经西风带,遭到特大气旋风暴的袭击,风速高达35米/秒,浪高超过20米。在这生死攸关的时刻,船长魏文良连续两昼夜坚守在驾驶室里,精心驾驶、指挥。3月6日夜,巨浪把后甲板盘结固定的4条缆绳冲开,其中一条有百余米掉入海里,随时有缠绕螺旋桨的危险。在这紧急关头,由6名船员组成抢险队,冒着生命危险手拉手地到后甲板抢拉出掉入海中的缆绳,消除了隐患。此次考察,"极地"号遭受了48小时狂风恶浪的袭击。在距船尾10多米远,离水面10多米高的三层甲板的右后走廊门和门框,均被大浪打坏,海水冲进内走廊,使5个房间进水,后甲板的栏杆、蒸箱、电缆固定架、照明灯、扬声器等被打坏或被海水冲走。这是中国南极考察以来,经受的时间最长、暴风恶浪最大、最危险的一次考验。

226. 中国南极长城站距北京有多远?

中国南极长城站建于1985年2月20日,以世界著名的中国长城命名,中国国家主席江泽民于1997年12月30日题写了站名。

长城站位于西南极洲南设得兰群岛乔治王岛南端,

它的地理坐标为南纬62度12分59秒、西经58度57分52秒,距离北京的精确距离是17501.949千米。长城站所在的乔治王岛,是南极地区科学考察站分布最为密集的区域。全岛面积为1160平方千米,就分布有9个国家的9个考察站。中国南极长城站站区南北长2千米,东西宽1.26千米,占地面积2.52平方千米,平均海拔高度10米。

227. 中国南极长城站有哪些建筑?

长城站自建站以来,经过3、5、13次队扩建,现已初具规模,有各种建筑25座,建筑总面积达4200平方米。其中包括办公栋、宿舍栋、医务文体栋、气象栋、通讯栋和科研栋等7座主体房屋,还有若干栋科学用房,如固体潮观

建设中的长城站

测室、地震观测室、地磁绝对值观测室、高空大气物理观测室、卫星多普勒观测室、地磁探测室等,以及其他用房,如车库、工具库、木工间、冷藏室和蔬菜库等。经过2007—

2009年间的扩建，中国南极长城站又更新和增添了发电栋、文体栋、气象栋、实验室等建筑。

228. 中国南极长城站有哪些生活设施？

长城站具有健全的生活设施，能够保证科学考察人员的科研和生活正常进行，每年可接纳度夏考察人员80名，越冬考察人员40名。室内温度由电热器控制，一般保持在16℃～20℃。全自动冷热水供应系统，能保证站内各处（厨房、洗碗间、厕所）提供18℃左右的温水，浴室提供44℃的热水，考察队员和来宾随时都可洗上热水澡。站上交通工具齐备，有各种车辆20多辆，驳船和艇8艘，既

中国南极长城站全景

可满足交通运输和施工的需要，也能满足科学考察的需要。电站里安装有3台柴油发电机组，可为站区24小时不间断地供电。站上设有邮局，可办理个人信件和包裹的邮寄业务。站上设有医疗保健室，常年有1名～2名医师，为队员检查身体和治疗一般性疾病。站上还设有健身房、乒乓球室、台球室、音像室，队员在工作之余，可在这里进行健身和各种娱乐活动。

防止污染,保护南极环境,日益受到各个国家的重视。中国南极长城站从建站起,就非常注重南极环境保护。站上设有生活污水、垃圾综合处理系统,日处理能力:污水26吨,垃圾1立方米。

229. 中国南极长城站开展哪些科考活动?

长城站是座小小的科研城,科研人员不仅在这里可以从事气象观测、固体潮观测、卫星多普勒观测、地震观测、地磁绝对值观测、高空大气物理观测等,还可在生物实验室、无线电波传播实验室、地质实验室、地貌和第四纪地质实验室、地球物理实验室和微机房里进行综合研究、实验、分析和数据处理。

生态考察

中国南极考察队员在长城站全年开展气象学、电离层、高层大气物理学、地磁和地震等项目的常规观测。在每年的南极夏季期间,除常规观测外,还进行包括地质学、地貌学、地球物理学、冰川学、生物学、环境科学、人体医学和海洋科学的现场科学考察工作。

230. 中国南极中山站距北京有多远?

中国南极中山站建成于1989年2月26日,以中国民主革命的伟大先驱者孙中山先生的名字命名。中山站位于东南极大陆伊丽莎白公主地拉斯曼丘陵的维斯托登半岛上,它的地理坐标为南纬69度22分24秒、东经76度22分40秒,距离我国首都北京的精确距离是12553.160千米。中山站所在的拉斯曼丘陵,地处南极圈之内,位于普里兹湾东南沿岸,西南距艾默里冰架和查尔斯王子山脉几百千米,是进行南极海洋和大陆科学考察的理想区域。离中山站不远处有澳大利亚的劳基地和俄罗斯的进步站。

231. 中国南极中山站有哪些建筑和生活设施?

中山站建站10年来,经过多次扩建,现也初具规模,有各种建筑15座,建筑面积2700平方米,其中包括办公栋、宿舍栋、气象栋、科研栋和文体娱乐栋,以及发电栋、车库等。近年来又新建了综合楼、观测栋等建筑。

站上生活设施齐备,可以满足考察队员的工作和生活需要。每年可接待度夏考察人员60名、越冬考察人员25名。队员宿舍内配备有多功能软床、沙发、写字台、衣柜等,室内温度适宜,常年可保持在16℃～20℃。站上的全自动冷热水供水系统,可以满足各用水点全年不间断的冷热水供给。洗澡间保证提供水温不低于40℃的热水,供队员们随时洗澡。站上拥有各种车辆10多辆,可以满足交通运输、施工和科学考察的需要。其中包括德

国制造的 PB240 型大型雪地车 3 辆,这种雪地车,即使在冬季,也可进行远程科学考察。电站由 3 台 150 千瓦和 1 台 30 千瓦柴油发电机组成,可以保证站区生活、工作和科研等的连续用电。站上的医务室,配备有无影灯、多功能手术台等医疗器械,可进行一般性的外科小手术。通讯室安装有两套 1.6 千瓦的单边带发射机和全波段收讯机,以及海事卫星终端设备,不仅满足了中山站与北京的通讯联络,也可开展全球范围内文字、图片的数据传输和电话业务。中山站与长城站一样,也建有污水与垃圾处理系统。此外,发电机安装有消烟和减噪声设备,可减少发电机的废气排放,防止污染大气环境。

232. 中国南极中山站开展哪些科学考察活动?

中山站设有实验室,配备有相应的分析仪器设备,可供科学考察人员对现场资料和样品进行初步分析研究。站上的气象观测场、固体潮观测室、地震地磁绝对值观测室和高空大气物理观测室等均配备有相应的科学观测设备和仪器。中国南极考察队员在中山站全年进行的常规观测项目有气象、电离层、高层大气物理、地磁和地震等。

233. 飞机何时开始出现在南极的上空?

飞机应用于南极考察,就是南极航空时代的开始。

早在 1911 年,澳大利亚的南极探险家莫森,在征服南极的进程中,就曾经计划使用飞机了。当他把飞机运到南极,装配完毕正在试飞时,机翼就掉了下来。这既是非常遗憾的,但又是非常幸运的。假设飞机起飞后,机翼再掉下来,后果就不堪设想了。这次飞行探险虽然没有成功,却揭开了南极航空探险史的扉页。

南极科考

第一个在南极洲飞行的是英国人休伯特·威尔金斯爵士,1928年11月,他从欺骗岛起飞,在南极半岛上空进行了长距离观测和航空摄影。美国的查里德·伯德上将,在1929年11月29日首次完成了飞越南极点的航行和空中摄影。1933—1935年,伯德在玛丽·伯德地再度利用飞机进行考察,通过航测证明罗斯海和威德尔海不连在一起,即南极大陆是一个整体。1935年11月至12月,美国的林肯·埃尔斯沃思和赫伯特·霍利克·凯尼恩从南极半岛顶端的邓迪岛起飞,纵贯南极半岛和横穿西南极洲,到达鲸湾,航程达3700千米,重要的是两机先后着陆4次,首次证实飞机可在南极大陆进行各种项目的考察。1980年2月13日,一架"伊尔-18"型飞机,从前苏联的首都莫斯科腾空而起,向着遥远的南方——前苏联在南极的青年站飞去,仅用了8小时24分的时间,就安全地降落在青年站的简易机场上,创造了大型飞机飞行距离的纪录。

234. 谁第一个驾驶飞机飞达南极点?

在南极飞行历史上最值得称道、最值得纪念的恐怕要算是美国的空中探险家伯德了。他在1929年11月29日,用了近10个小时的时间,胜利地飞到了南极点并返回基地,架起了通往南极点的空中彩虹。

伯德曾在1926年5月9日,与驾驶员弗洛伊德·贝内特一起,成功地飞越过北极点。1928年下半年,伯德正式宣布飞越南极点及南极洲的计划。同年10月11日,伯德率领一支由2艘军舰、4架飞机、雪上运输车和50名队员组成的庞大的美国探险队,从旧金山出发,于年底到达罗斯冰障。他在鲸湾建立了基地,定名"小亚美利加"。1929年11月29日,伯德率领驾驶员巴尔肯、副驾驶员哈罗德·琼、摄影师阿什利·麦金利从基地起飞。开始时,能见度很好,可以拍摄山脉的照片,但很快就遇到了困难,飞机只有升高到3000米,才可以避免撞到极地高原的山峰。于是,伯德扔下110千克的食品,以减轻飞机的重量,结果使飞机爬到超过山峰120米的高度,安全进入南极高原上空,不久便胜利到达南极点上空。

当年美国探险家皮尔里远征北极点用了429天,阿蒙森往返南极点费时98天,而伯德从"小亚美利加"基地起飞,经过南极点再回到原地降落,只用了9个半小时。这是多么惊人的飞跃啊!

235. 南极第一次大规模飞行在何时?

1946—1947年,美国派遣规模最大的南极考察队(官兵4700余人),出动了定翼飞机19架、直升机7架,另有

飞机运输南极物资

破冰船、航空母舰、潜水艇和驱逐舰等13艘。各种飞机在伯德的指挥下,共飞行了64个航次,对南极大陆沿岸航测面积达390万平方千米,拍摄航空照片1.5万张,侦察照片7万张。通过航测,他们至少确定了18个山脉的地理位置,并把新发现的山脉、半岛、群岛、海岛及海等填入了地图。这次考察中,首次使用了直升机。

236. 南极也有空难吗?

现代化的交通工具极大地缩短了南极和各国的距

离,也为各国进行南极考察提供了诸多的便利条件。然而,由于南极的自然环境恶劣,天气瞬息万变,暴风雪常常突然而来,众多影响安全的因素不可预测,造成失事冰原的事故屡见不鲜。最惨痛的失事莫过于1978年新西兰的一架"DC-10"型飞机在飞往南极的途中,坠毁在埃里伯斯火山。该机载有257名旅游者,全部遇难。1979年11月4日,美国驻新西兰海军陆战队的大力神客机从新西兰的美国海军南极支援基地起飞,当飞机飞到埃里伯斯火山上空时,突然不明原因地一坠而下,几乎垂直地摔在坚硬的冰原上,140多名乘客和机组人员全部遇难。自那时起,前往南极的旅游飞机再也不允许在埃里伯斯火山上空绕行了。

尽管南极大大小小的飞行事故层出不穷,但是挡不住探险者和科学家的雄心壮志,也遏制不住旅游者的欲望。随着科学技术的不断发展和提高,人们逐渐摸索和掌握了一整套南极飞行的经验和技艺,也建起了一些相对稳定的空中航线。

237. 国际南极考察的主要课题是哪些?

南极考察的课题已经由早期为商业目的而进行的海洋、气象观测,逐渐发展到今天的海陆空及外层空间的全方位的科学考察。考察的学科几乎涉及整个自然科学的各个领域。国际南极考察的主要课题包括冰川学、地质学和地球物理学、生物学、气象学、低层和高层大气科学、大地测绘、人体生理和医学,以及海洋科学等。

南极科学研究的主要课题还包括对未来全球气候和温度有影响的冰川、臭氧和大气观测,关系到全球生态环境和人类未来的矿物、海洋生物资源和淡水资源的研究,以及南极大陆作为科学实验室提供良好条件的地壳变化、地层构造和空间科学的研究。

海冰取样

238. 国际南极考察的主要手段是什么?

南极科学研究的手段以及支持科学研究的技术装备日益现代化和高技术化,例如卫星、探空气球、探空火箭、

科研人员在观测

各种飞机、破冰船、科学考察船、特种车辆,以及各种机械电子设备等均得以广泛应用。仅破冰船而言,尽管耗资巨大,但美国在20世纪70年代,前苏联、德国、日本和澳大利亚在20世纪80年代均建造了现代化的南极破冰船。

纵观南极考察的历史不难看出,南极大陆作为地球上最后一块未被开发的大陆和科学研究的"圣地",正日益引起越来越多的科学家的兴趣。

239. 南极环境对人体生理有哪些影响?

同学们也许会以为,在寒冷的南极,考察队员会经常患感冒等疾病,其实不然,在南极的考察队员很少会得感冒,特别是在与世隔绝的越冬期间更是很少有感冒发生。南极环境对人体生理功能影响的研究早已开始,现在一般认为,南极环境可使人体免疫力下降,血压降低。人体免疫力下降,是因为人们生活在南极这个洁白无瑕、超净的世界里。所谓超净,是指南极几乎没有致病细菌和病毒。所以,尽管南极气候严寒,天气多变,但考察队员几乎不患感冒。较长时间生活在无菌条件下的人们,免疫功能会减低,许多考察队员回到国内,要患一次重感冒,就是这个道理。血压降低,是南极对人体生理的另一个影响,特别是原来血压较高的人更为明显,其原因还有待进一步研究。

南极环境对人体的生理影响是多方面的,例如失眠、反应力下降等,科学家正在对此进行更加深入的研究。

240. 在南极,考察队员心理有什么变化?

从都市里来的越冬人们,在繁闹嘈杂声中生活惯了,来到这连掉根针都能听到响声的极静的世界里,难以忍受孤独和寂寞的极夜,有的失眠,有的食欲减退,还经常出现脑功能减退和记忆力下降,易于感情冲动和急躁,甚至有的不同程度地出现心理变态反应。

在外国南极站上,有的因不甘寂寞、孤独,私自外逃而身亡,有的因酗酒过量而中毒死亡。在中山站,第二次越冬队,曾经有个队员忍受不了极度的孤独,竟一人外出爬山,为了他的安全,全站出动搜寻,还请求澳大利亚南极站派飞机支援。中国第十一次南极考察队中山站越冬队,有一名队员,经受不住残酷环境的压力而精神失常,站上其他人员被迫24小时轮流看护他,以防出现意外。后来,经与国内及澳大利亚方面联系,派人送他乘澳大利亚船返回霍巴特,再从那里乘飞机提前回国。到了霍巴特,一见到文明世界,这位队员就立即神清气爽,思维完全正常。他甚至要求重返南极,与队友共度越冬考察最后的时光。

241. 我国有多少人到过南极?

从1984年11月至2009年初,我国共进行了25次南极考察,到达南极洲的人数达4000人次,他们是人们仰慕的幸运者,也是不畏艰险的拼搏者和中国极地考察事业的无私奉献者,其中到达南极次数最多的队员达到11次之多!

242. 破冰船是什么样的?

地球的两极地区都是冰封的地区,尤其是北冰洋海区,海洋大半时间里都被冰封住,使一般船舶难以航行。为了开辟航道,20世纪中叶后,人们开始建造一种可在冰封的极区与海区开辟出一条航路的船舶,这就是破冰船。

"雪龙"号船在北冰洋

由于破冰船的使命与一般船只不同,所以它的船体构造与动力装置、运动方式都与众不同。它的船体的长宽比例不像一般海船那样瘦长,而是"身宽体胖",粗短的船身能开辟出较宽的航道来,使后面跟进的船只得以安全航行。破冰船还有一个特别坚硬的船头,能抗击厚厚的冰块,它的船身也异常结实,除了船壳是用特殊低温钢材制作的外,船身里面也用各种材料加以紧固,真正做到挤不扁、压不断,同时还得用这个特点压碎冰面,打开航道。破冰船的动力也不一般,它大多采用"柴油机-发电机-电动机"组合机组驱动。它通常有多只螺旋桨,分别装在船尾和船头的两侧。

243. 破冰船是如何工作的?

在极地考察中,破冰船可以发挥的作用是十分突出的。它既可运输,又可破冰,还有一套自我保护的"本领"呢。

破冰船一边破冰,一边前进,但也有被冰夹住的时候,所以破冰船还有一套挣脱设施,使自己免遭冻结,这套挣脱设施为"倾侧技术"和"气泡减阻系统"。倾侧技术是在船的两侧设置水舱,当开动水泵使两侧的水舱分别处于有水与无水状态时,船体发生侧摇摆现象,这样可以压碎冰层,避免被冻结住。船头与船尾也可同样设置水舱,让船前俯后仰,也能达到同样的效果。气泡减阻系统则是从靠近船底的两侧的管道排放压缩空气,一来可以减轻船体与冰块的摩擦力;二来气泡在船体与冰水间形成气泡层,使海水不易冻结,防止船被夹住。

现代破冰船的吨位大都在万吨以上,而且向多用途、核动力化发展,现在拥有核动力破冰船最多的国家是俄罗斯,其大型核动力破冰船可以破厚达6米的海冰,可以一直航行到达北极点。

244. 我国有多少船舶到过南极?

自1984年中国首次组队进行南极科学考察至今,先后派赴南极地区担负运输、科学考察的船只有5艘,它们是"向阳红10"号、"J121"号、"海洋4"号、"极地"号和"雪龙"号。其中前3艘只进行过一个南极航次,后两艘则为

中国极地运输、考察专用船。

"极地"号原系芬兰劳马船厂1971年建造的一艘具有1A级抗冰能力的货船,中国于1985年购进后,投资750万元改装成南极科学考察运输船。"极地"号从1986年10月25日首航南极以来,共完成了6个南极航次,于1994年退役。

"雪龙"号原系乌克兰赫尔松船厂1993年建造的一艘具有B1级破冰能力的破冰船,中国购进后,投资3100万元改装成为南极科学考察运输船。于1994年代替"极地"号服役至今。

245. 我国已经组织了多少次南极考察?

中国极地科学考察活动始于20世纪80年代初。1980年1月,中国首次派出2名科学家赴澳大利亚的南极凯西站,参加澳大利亚组织的南极考察活动,从而揭开了中国极地考察事业的序幕。我国自从1984年开始独立组织南极考察以来到2009年初,已经成功地组织了25次南极考察,取得了一大批科研成果,其中有不少达到国际先进水平,使中国南极科学考察队成为国际南极科学考察团队中的一支不可忽视的重要力量。

246. 我国南极考察队员怎样去南极?

同学们可能一直认为赴南极考察队员不都是乘船前往吗?实际并不然,只有我国派船前往南极时考察队员一同前往,而其他时间考察队赴南极都是绕道航飞的。前往中国南极长城站的考察队员一般从北京乘国际民航前往,沿途可能经日本、美国换机后,抵达智利首都圣地亚哥,然后乘智利民航到智利南部城市彭塔阿雷纳斯,再转乘智利空军飞机至长城站。待从长城站返回时,先乘智利空军飞机至彭塔阿雷纳斯,乘智利民航抵圣地亚哥,然后乘飞机返回北京。一般每2~3年,我国都要派考察船赴南极长城站进行补给和科学考察,此时考察队员将乘船前往长城站。

由于中国南极中山站没有空中航线,所以去中山站的考察队员是乘船前往。我国一般每年都派考察船赴中山站进行补给和科学考察。考察船现在通常从上海启航,沿途将穿越赤道,经澳大利亚后,过西风带抵达中山站。

247. "雪龙"号是一种什么性能的船?

"极地"号于1994年退役之后,担任中国南极考察航行任务的船是"雪龙"号船。

"雪龙"号原系乌克兰赫尔松船厂于1993年建造的一艘具有B1级破冰能力的破冰船,自重1.14万吨,功率为1.792万马力,最大航速为18节,续航能力达1.8万海里,可以一口气从地球北极驶到南极。由乌克兰赫尔松船厂于1993年3月25日建造完工的这艘船,原设计

"雪龙"号调查船

为北极地区多用途运输船,具有较强的破冰能力。能以0.5节航速,连续冲破1.2米厚的冰层。船装可调式螺旋桨,航行时操作灵活,利于破冰。用E级钢板制作的船体,即使在零下40℃的严寒气候下,也不会变性。2007年开始,"雪龙"号船进行了较大的改装,对船舶上层主体建筑进行了更新,船型也更加漂亮了。

248. "雪龙"号船拥有哪些先进设施?

"雪龙"号船装备了各种先进装备和科学考察仪器,船上设立的气象中心,可以接收卫星云图等气象资料,为本船在气候极其恶劣又变化无常的极地海区航行提供了安全保障。位于二层的水文资料采集室,集中了一大批先进的科研仪器,其中有用于搜寻磷虾及其他南极水生动物的鱼探仪,可在走航时测定海水流速、方向的多谱勒海流计以及用于测量海水温度、盐度、深度的"CTD"等。加上数据处理中心、样品间、伸缩吊车等配套设施,科研人员可在船上进行一系列海洋考察与项目研究。船上还设有健身房、图书馆、卡拉OK厅、医疗室、手术室等文娱、体育、卫生设施,并有一个小小的游泳池。"雪龙"号是一个流动的科学实验室,也是南极考察队员的一个温暖的"家"。

249. 我国南极考察由哪个单位进行组织协调?

同学们,你们知道受国家高度重视、全国人民广泛关注的极地考察工作,在我国是由哪个部门负责协调和组织实施的吗?它就是国家海洋局的极地考察办公室(原国家南极考察委员会办公室)。它是承担中国极地考察

中国南极站升旗

工作的职能部门,下设综合处、计划财务处、科技处和外事处。它的基本任务是:组织协调和管理中国极地考察研究的各项工作。该办公室对我国南极事业的创立和发展作出了重要的贡献。

250. 首次徒步横穿南极大陆的中国科学家是谁?

人类首次徒步横穿南极大陆探险队队员来自中国、法国、英国、前苏联、美国和日本。

1989年7月25日,探险队从美国飞抵我国长城站,7月28日他们从南极半岛顶端出发,依靠狗拉雪橇和滑雪板,由西向东,穿越南极最高峰——文森峰山脚,到达南极点美国考察站,又穿越从南极点到前苏联东方站之间"不可接近地区",翻越东部的极地高原,于1990年3月3日到达终点站——前苏联和平站。探险队历时220天艰苦跋涉5986千米,完成了人类有史以来唯一一次国际合作横穿南极大陆的伟大壮举,赢得了世界人民的瞩目与

国际横穿南极探险队

尊敬。

中国参加横穿南极大陆的是当时43岁的中科院兰州冰川冻土研究所冰川学家秦大河。他沿横穿路线进行冰川考察,每隔50千米~70千米设点挖雪采样(1米~1.5米深),测定冰雪参数。共设100个站位,采取800个样品,获得了第一手完整的研究资料。

251. 南极点有哪些建筑和设施?

随着大陆冰盖的移动,当年的阿蒙森和斯科特留在南极点的国旗、帐篷等遗物已经"搬了家",被埋在大约距离今天的南极点2000米的50米冰层下。位于南极点的美国南极考察站阿蒙森-斯科特站始建于1957年。这年,美国海军工程兵在赛普尔的指挥下,从麦克默多站飞行了8个小时,在离南极点13千米的地方降落,用狗拉雪橇的方法运去建筑物资,靠太阳辨别方向,找到了南极点,建立了一个简易站。现在的阿蒙森-斯科特站是1975年建成的。它的主要建筑物,是由一座半埋在冰雪中的高15.8米、直径50米的铝制圆顶建筑物和四座独立的建筑群组成。室内设备齐全,装饰华丽,建有实验室和图书馆等。该站是为了纪念最先到达极点的挪威探险家阿蒙森和英国探险家斯科特,用他们的名字命名的。

1975年建成的阿蒙森-斯科特站也偏离南极点。为此,该站的考察队员在每年的元月1日都要用仪器测量一次南极点的位置,插上一个新的标记。该站的补给全部由飞机来完成,站上设有通讯中心、气象中心、高空大气物理观测站等建筑。由于该站处在极特殊的地理位置,可以对赤道以南的任何向太空的发射物保持全方位的观察,便于跟踪围绕地球的人造卫星;极点又是进行大气科学和地球物理研究的极好场所。正因为如此,美国在此建站并且不惜代价配备了各种精密仪器,充分发挥了它的技术优势,取得了一批很有价值的成果,同时也吸引着各国科学家。

252. 南极第一城在哪里?

美国的南极科学考察站——麦克默多站,是所有南

南极第一城——美国麦克默多站

极考察站中规模最大的一个。该站于1956年建成,有各

类建筑200多栋,包括10多座三层高的楼房。麦克默多站是美国南极研究规划的管理中心,也是美国其他南极考察站的综合后勤支援基地,建有一个机场,可以起降大型客机,有通往新西兰的定期航班,此外,在站附近,有两座小型机场。这里还建有大型海水淡化工厂以及一座原子能发电厂(为防止污染现已撤离),建有大型综合修理工厂。麦克默多站的通讯设施、医院、电话电报系统、俱乐部、电影院、商场一应俱全,仅酒吧就有4座之多。麦克默多站还有私人工程公司,在麦克默多站周围和较远处的各种实验室里,每年冬季有近200名,夏季有2000多名科学家在从事各学科的考察研究。每年在这里工作的来自世界各国的外籍科学家都有20人～50人。每年的夏季,一架架大型客机从美国、澳大利亚、新西兰等地把成千名游客运往这里,以观光南极洲的风采。麦克默多站的夏季,车水马龙,热闹非凡,就像一座现代化的城市,故有"南极第一城"的美称。

253. 俄罗斯南极考察站有什么特点?

美国在南极洲的考察基地以大著称,而俄罗斯(前苏联)在南极洲的考察基地则以数量多、分布广闻名,在南极大陆周围,共分布着俄罗斯的8个常年考察站和6个夏季考察站。由于俄罗斯财政紧张,现大多暂时关闭。

俄罗斯的青年站,在规模上仅次于麦克默多站,该站建于1962年,以后几经充实、扩建,现在不仅有大功率的无线电中心,还有向大气发射气象火箭的基地,有装备良好的科学馆、实验室和计算中心。该站是今天俄罗斯在

俄罗斯别林斯高晋站

南极的气象中心,与和平站一起服务于它在南极大陆周围的船只,为飞机和船只的安全提供气象保证。该站主要的科学研究项目有:极光、电离层物理学、地磁学、冰川学和海洋学等。该站建有大型机场,飞机不定期地飞回本国。

254. 南极最高的考察站是哪一个?

在中国南极昆仑站建立之前,俄罗斯的东方站是所有南极考察站中海拔最高的一个,海拔是3600米。这里空气中的含氧量很低,相当于其他大陆4600米高的空气含氧量。东方站几乎是南极洲最冷的地方,1983年7月21日,测得气温为零下89.2℃,人们将这里称为南极的"寒极";在这里冰川学家打出了世界最深的钻孔,深达2600米(计划打到3700米);由于这里气候酷寒而且风大,被称为南极不可接近地区。该站一般有30名左右的工作人员,主要从事地球物理、高层大气物理、气象学、环境学和冰川学方面的研究。该站还设有卫星通讯和计算中心,是一座现代化的科学城。

2009年1月27日,中国南极昆仑站在南极内陆冰盖的最高点冰穹A地区落成,这是世界上海拔最高的南极考察站。昆仑站距离中山站1200多千米,站区海拔4087米,年平均温度在零下50多度。已经建成的昆仑站主体建筑为钢结构,工程的建筑面积为236平方米,包括有生活区和科研区,可供15人~20人进行夏季科考。根据建站规划,昆仑站将逐步升级扩建到558平方米,成为满足科考人员越冬的常年站。以昆仑站为依托,我国将有计划地在南极内陆开展冰川学、天文学、地质学、地球物理学、大气科学和空间物理学等内容的科学研究。

中国南极昆仑站

255. 日本的昭和站是什么样的?

在纷纷南进的征程中,不甘落后的是日本人。第二次世界大战结束后不久,在经济尚未恢复的1956年夏季,日本南极考察探险队乘"宗谷"号破冰船,在东南极的吕佐夫-霍姆湾一带考察,于1957年1月29日建成昭和站(南纬69度、东经39度)。该站坐落在南北长、东西宽的一个露岩岛上,海拔高度为43米。该岛与南极大陆之间隔着有5千米宽的翁古尔海峡。该站经过多年的扩建和完善,目前已有20幢建筑和3座发电站,总建筑面积已达2900平方米,各种车辆装备40多台,每年在站上越冬人员为30名左右。该站处在极光带,几乎每天都有极光可见,因此是开展高空大气物理学研究的极好场所。该站建有4座火箭发射装置,在这里发射探空火箭是探测高空的理想手段。

昭和站的建立,曾为日本南极考察队到达南极点的考察立下汗马功劳,也是日本南极考察队取得重大研究成果最多的站。

256. 英国的南极考察站主要进行哪些研究工作?

英国在南极建立了7个考察站,主要进行大气科学、地球科学和生物学的研究,其中大气科学共分三个专题项目:气象学(包括气候、臭氧、太阳辐射、污染)、磁学(包括绝对磁场、磁脉动)、电离层(包括太阳与地球的关系、磁大气层科学)。

英国在南极的考察站处于有利的地理位置,可为理论研究提供有价值的资料。因此,对其资料的质量,他们自称享有很高的国际威望,有助于更好地了解因粒子降落和大气结构变化所出现的各种现象。英国在地球科学和生物学的研究上也都取得了相当可观的成果,丰富了整个南极研究的理论宝库。

257. 南极最小的常年考察站是哪一个?

南极考察站几乎都是在各国政府的直接支持下建立的,但在众多的南极科学考察站中,只有国际绿色和平组织建立的"世界公园"站是唯一不属于主权国家的常年科学考察站。还有一个由捷克民间组织建立的"常年越冬站"也十分特别,它就是建在南设得兰群岛的纳尔逊岛冰帽上的捷克斯洛伐克站,这个站是现存的各国南极常年科学考察站中面积最小、条件最差、人数最少的常年考察站。它的全站建筑仅是两座不到10平方米的木板房,无水、无电、无任何通讯设备,仅有2名队员在这里度夏和越冬考察。2名捷克队员在如此艰难困苦的环境中,坚守在一个孤岛上,在风暴肆虐的南极隆冬,仍然坚持常年生物考察和气象观测,精神实在难能可贵。

258. 南极的考察站为何多建在沿岸?

南极考察站一般选在南极大陆沿岸,而且地势相对平坦。之所以选在大陆沿岸,主要是考虑大船不能靠近陆岸,要用小艇卸运物资,这样就便于登岸,物资卸运方便,补给容易;而建立在内陆的考察站,则必须用飞机或雪地车再将物资转运一次,费时费力。同时因为沿海岸地域一般比内陆温度偏高,冰雪融水易形成较大的湖泊,考察站就有了充足的淡水资源。还有一个原因就是污水的排放问题,按照《南极条约》有关保护环境的规定,污水必须经过严格处理才能排放到海中,为了达到排放标准,就要增加净化设备,为了节约经费,减少和缩短入海的管道,考察站建在南极大陆边缘是十分有利的。所以,大多数的南极考察站都建立在沿岸。

到外国考察站作客

259. 南极考察站的选址有什么原则？

要在南极洲建立一座科学考察站，首要的任务是选好站址。也许很多人会感到奇怪，南极洲那么大的地域，还不是随便找块地方就行了。问题并不那么简单，首先要看它是否符合建站的条件；其次是有没有科学考察的价值。根据分布在南极洲的50多个常年科学考察站和100多个夏季站的情况，各国在南极洲选择站址的条件基本是相同的，归纳起来主要是以下几条。首先，有裸露基岩的地域。考察站之所以要建在裸露的基岩上，主要是因为对建房的地基要求极为严格。建立在基岩上的房屋更能有效抵御南极狂风的袭击。其次，人员和物资运输要尽量方便，最好建立在沿岸。最后，要有利于综合性的科学考察。换句话来说，要建站的区域必须有科学考察的价值，这一点非常重要。因为千里迢迢到南极就已经非常不容易,再把考察站建立在没有科学研究价值的荒凉的大陆,简直是不可想象的,所以说这一条标准也是各国选择站址的一条至关重要的条件。

260. 南极内陆考察站的用水是怎样解决的?

南极点的阿蒙森-斯科特站,以及俄罗斯的东方站,都是建在冰盖上的,它们又是怎样解决淡水的呢?简单来说,就是取冰雪化水,但这要花费大量的人力和能源消耗。为了减少人力的消耗,有的内陆考察站在蓄水池边缘建立一堵弧形墙,利用风吹雪进入蓄水池。一旦蓄水池内的水少了,就用推土机往蓄水池内推雪,再经过加温以保持池中有足够的生活用水。

261. 南极考察站为什么还要配备冰箱?

南极素有"天然冰库"之称。一提起南极,无论是什么季节,在人们的心上都会掠过一丝丝的凉意。但是南极考察站上却必须配备冰箱,这又是为什么呢?尽管南极最低气温非常低,但是就1400万平方千米的陆地来说,年平均气温才零下25℃。各国考察站多建在大陆边缘岩石裸露的地方,那就不可能终年保持在零度以下。更何况考察队的很多食品的保存都要求在零下20℃左右才能保证存放1年时间,有的要求保存在一定温度范围之内。这就决定了各国考察站都必须配备冰箱。

确切地说,考察站配备的既不是家用的冰箱,也不是一般单位食堂用的冰柜,而应该称作小型冷库,每个容量大约十几立方米。这种冷库要根据不同的要求来制作,有的是恒温在零下25℃,主要用来保存肉类;有的是恒温在零下10℃；还有的是恒温、恒湿在0℃到5℃，这种恒温、恒湿的冰库，主要用来保存鲜蛋、水果和蔬菜。

262. 中国南极考察队员如何保护南极环境？

为保护南极的自然环境和生态，中国南极考察队要求全体队员遵守《南极条约》的有关条款，严禁追逐、惊吓动物，更不准伤害和捕捉动物；不经站长批准，任何人不得随意采集各类标本样品，科学考察采集标本、样品，要在统一组织领导下进行，并登记造册；不得进入动植物保护区，保护南极植被，不准毁坏和任意采集；保护南极地区的纪念物，不准乱刻乱划；要爱护友邻站的建筑、设施和装备；外出考察的一切废物(包括大便)都要带回考察站统一销毁。

263. 最先进入南极圈的人是谁？

早在1773年1月17日，载重量为462吨的英国"决心"号船，共有船员193人，在船长库克的率领下作环球航行时，在东经30度附近进入了南极圈。这是有史以来人类第一次向南到达的最远的距离，库克及其船员也被称为最先越过南极圈的人。

264. 第一个到达南磁极的人是谁？

人类为了登上南磁极点，查明它的确切位置，曾付出了极大的艰辛。南磁极的位置最早是由爱尔兰人沙克尔顿率领的探险队于1909年查明并确认的。1907年，沙克尔顿组织了一支探险队，雄心勃勃地试图征服南极点(当时南磁极的实地位置)。到1909年1月9日，沙克尔顿的探险队到达南纬88度23分处,离南极点只有160千米的路程了。这时,猛烈的暴风雪刮得他们晕头转向,由于缺乏食物和体力不支,如果硬撑下去就可能全军覆没。在无可奈何的情况下,他们只得派出一支小分队,穿越南极大陆的冰盖,向南磁极前进;最后这支小分队终于到达了南磁极,并且测定它的位置是南纬72度25分、东经155度16分。探险队的澳大利亚队员莫森,在征服南磁极的过程中表现尤为突出,因为他找到了英国人罗斯几经努力都没能找到的南磁极具体位置,所以他也就成了"南磁极第一人"。后人为了铭记莫森作出的贡献,将澳大利亚的一个南极考察站以他的名字命名为"莫森站"。

265. 最先横穿南极大陆的探险队是哪一个?

1957年底,由12名英国人组成的探险队,在极地探险家富克斯的率领下,从威德尔海沿岸的沙克尔顿考察站出发,历时99天,行程3437千米,终于在1958年3月2日到达罗斯海,在人类历史上第一次成功地以比较短的路线,完成横越南极大陆的壮举,成为最先横越南极大陆的探险队。

266. 我国南极考察站也有气象预报吗?

同学们已经习惯收听和收看气象预报,但要知道,在国内比较准确的气象预报是建立在数千个专业气象台站和无数专业气象预报人员的辛勤工作基础之上。在南极,1400万平方千米的区域只有几十个常年气象台站,要作出相对准确的气象预报是非常不容易的。现在我国一般通过接收国际气象卫星的资料,结合本站的实际观测资料来确定南极大气的天气系统情况,可以对船只、飞机和野外考察人员提供天气预报服务,保障科学考察活动特别是野外科考的顺利进行。但由于南极地区资料稀少,现仍无法作出非常精确的预报来。

267. 我国南极考察船怎样进行气象预报?

船舶在极地海区航行、作业或停泊时的气象保障非常重要,而且难度更大。我国南极考察船的气象服务由船上的气象保障组来完成。气象保障组把本船实时观测的气象资料,同接收卫星云图、邻近国家气象台站的传真图结合起来进行分析,做出未来 24 小时～48 小时的气象预报和实时冰情预报,准确性比较高。结合国内有关单位的配合,还可作出 48 小时以上的天气形势分析呢。但由于极区气象复杂多变,加之预报经验不足,也偶有失误。

268. 中国南极考察训练基地在哪里?

南极考察训练基地必须具备类极地的环境,我国的南极考察训练基地位于黑龙江省尚志市亚布力滑雪场。1986 年 3 月,中国第三次南极考察队首次在这里进行冬季训练,以后各次队均在这里进行冬训。

亚布力滑雪场是中国最大的条件最好的高山滑雪场,曾经成功地举办过亚洲冬季运动会的各项雪上比赛项目。滑雪场位于黑龙江省完达山脉张广才岭大锅盔山的北麓,距哈尔滨市 260 千米,交通比较方便。该滑雪场最高海拔高度为 1374 米,属于小山区气候,冬季比较寒冷,冬季平均气温在零下 25℃左右,最低气温可达零下

33℃。该地区降水量丰富,每年10月中旬开始降雪,直到次年5月初山顶仍有积雪,一年的积雪期可长达半年之久。因此,亚布力滑雪场的自然环境完全适合类极地训练。

269. 中国南极考察训练基地有哪些设施?

中国南极考察训练基地的主体建筑是在当地颇为著名的"南极楼",该楼于1986年投入使用,建筑面积为2000平方米,共4层,设有30套客房,可容纳60名考察队员住宿。楼内设有训练需要的教室、会议室,还有兼做娱乐活动的餐厅等。

空外的滑雪场拥有可以用于队员训练的越野滑雪道,总长为3080米,高度差为840米。滑雪场目前已经建成多条索道,为考察队员的滑雪和山上训练提供了良好的条件。另外,南极考察队员训练需要的帐篷、睡袋、登山器材、滑雪板、冰镐、百米绳、冰锯、地质罗盘、对讲机、手持式卫星定位仪等训练器材一应俱全。

270. 中国南极考察队员怎样进行冬季训练?

冬季训练是南极考察队员训练中的重要一环。训练时间一般在每年2月至3月份,训练的主要内容有:了解南极自然地理概况、中国南极考察概况和本次考察队的主要任务;野外进行滑雪、雪中登山、冰中脱险、宿营、挖雪沟和雪洞、滑落停止(翻身保护)和位置确定、方向识别等。

通过冬季训练,使队员掌握高山滑雪、越野滑雪和登山要领,尤其要掌握组结式登山技术;学会当人员或车辆陷入冰缝时如何通过绳索迅速进行自救和互救的方法；掌握当人员从冰坡上下滑时迅速用冰镐和准确的动作使下滑停止的要领；学会雪地挖洞或挖沟进行避难的方法；掌握宿营地点选择、帐篷架设的步骤和方法，并学会用煤油打气炉和高山气炉进行野炊；学会使用地质罗盘和手持式卫星定位仪确定位置和识别方向等。

271. 外国南极考察队员如何进行野外生存训练？

野外训练课程是各国南极考察训练中必不可少的重要内容，一般课程包括：在帐篷中露宿；在寒冷的气候条件下，甚至是在冰天雪地里如何进行工作；如何应付南极常见的环境困难，掌握必备的知识和技巧。

整个课程涉及在南极环境下生活的各个方面，特别着重于生存技巧。虽然有一些考察队员可能不想离开考察站从事野外跋涉，但是在冰雪中，在极端寒冷的条件下，以及在低能见度情况下的安全问题是与所有考察队员息息相关的。训练内容包括：导航、在冰雪中行进、救生技术、野外设备操作、搭帐篷、制造紧急隐蔽处、搜索和救护、越野滑雪、攀冰技术、使用无线电台和野外急救技术等。

272. 你知道中国的极地科普馆吗？

你知道中国有个极地科普馆吗？它设在哪里呢？中国极地科普馆设在上海浦东的中国极地研究所内，科普馆陈设了中国极地考察的事物、照片、图片和采自南极的各种动植物标本和岩石样品等，可以比较系统全面地介绍中国极地考察，特别是南极考察的历史和成就，是对社会和青少年学生进行科普教育的重要基地。

273. 第一个到达南极点的中国人是谁？

世界上大约有3000多人先后到过南极点的阿蒙森-斯科特站。原中国国家南极考察委员会办公室副主任高钦泉和国家海洋局第一海洋研究所的海洋生物学家张坤诚，应美国国家科学院极地研究委员会的邀请，于1985年初抵达南极点的阿蒙森-斯科特站进行友好访问，他们是最先到达南极点的中国人。

1984年底，高钦泉、张坤诚从北京出发，到达飞往南极点的前进基地——新西兰克莱斯特彻奇市，然后换乘"LC-130"大力神飞机飞往南极。这种飞机是往返南极点的主要交通工具，尽管机身很重，但性能很好，行动方便灵活。它与一般飞机不同，除起落架外还配有雪橇，因而不论在陆地区还是在冰原上都可以起落，很适宜在南极洲这样的特殊环境中使用。但是，由于天气原因，他们飞往南极点的时间表曾改变了好多次。

1985年1月11日，他们终于遇上了好天气，顺利地飞到南极点。在到达南极点的当天，他们就亲手把中国的五星红旗升起在南纬90度的上空，同时还把一个指向中国北京的指向标插在南极点上。

274. 谁是第一个到达南极的中国女性？

世界各国赴南极考察的人员很多，但女性却寥寥无几。而我国妇女却从一开始就参与了中国的南极考察。中国科学院贵阳地球化学研究所研究员李华梅，是我国第一位登上南极的女科学家。1983年11月，她应新西兰政府的邀请,受国家南极考察委员会的派遣,与另一位科学家许昌,参加了1983—1984年新西兰组织的夏季南极考察,地点是新西兰斯科特站,考察的是地质专业。

275. 到达南极洲的第一位中国记者是谁?

1979年1月15日至2月3日,新华社驻智利记者金仁伯,访问了智利在南极半岛上建立的3个站,以及前苏联的别林斯高晋站和阿根廷的奥卡达斯站。他是到南极洲采访的第一位中国记者。此后几乎每一次南极考察和北极考察都有记者随队参加,他们用文章、照片、录像等方式,及时准确地把中国的南极考察工作介绍给全国人民和世界人民。

276. 第一批登上南极大陆的中国科学家是谁?

1980年1月6日至3月18日,应澳大利亚南极局的邀请,中国选派董兆乾和张青松2人首次赴澳大利亚南极凯西站进行为期47天的科学考察与访问,他们是第一批登上南极大陆的中国科学家。此间,他们还访问了美国的麦克默多站、新西兰的斯科特站和法国的迪蒙·迪尔维尔站。

277. 第一批到达南极洲的中国少年是谁?

同学们,你们知道中国的科学家不怕艰难险阻勇赴南极科考,可你们想到中国的少先队员也上过南极吗?事情是这样的,1986年1月20日,中国南极长城站举行了"中国少年纪念标"揭幕仪式。共青团中央少工委从亿万少年儿童中挑选出2名少先队员代表杨海兰和吴弘,赴长城站参加揭幕式。他俩就成了第一批到达南极洲的中国少先队员。

中国少年在南极

278. 谁是横穿南、北极的环球探险第一人?

1979年9月2日,英国兰努尔夫·菲内斯爵士辞别了查尔斯王储,率探险队乘"本杰明·鲍英"号船驶离英国的泰晤士河,从而开始了人类有史以来第一次穿越南、北极的环球探险。他们在穿越南极大陆途中,克服了种种困难,终于在1981年1月11日到达了新西兰的南极站——斯科特站,历时75天。1982年夏季,兰努尔夫·菲内斯爵士和伯顿两人乘雪地摩托车,离开北冰洋的埃尔斯米尔岛北岸的越冬地,去征服最后的路程——北冰洋。一路上因冰墙太多,他们舍弃了雪地摩托车,拉起装有72千克物资的雪橇,一步步地向北极点挺进。他们克服了常人无法想象的困难,终于在1982年4月11日胜利到达北极点。经过99天的艰苦跋涉,他俩终于走出冰海,回到"本杰明·鲍英"号船,当他们返回英国时,受到了人们的热烈欢迎。至此,历时3年的首次穿越南北两极的探险结束了,行程达5.6万千米。

279. 中国是否开展南极内陆冰盖考察?

中国的两个南极考察站虽然都建立在南极沿岸,但至2009年初已经成功地组织了7次南极内陆冰盖考察。1997年1月18日,有8名队员参加的中国首支内陆冰盖考察队,驾驶3辆雪地车从中山站出发。此后14天里,队员们冒着零下30℃的严寒,深入冰盖300千米,钻取到2支50多米长的冰芯。从这些冰芯中可以分析出近200年来的气候环境变化状况。

第二次内陆冰盖考察是1998年初,考察队员深入内陆近500千米,钻取到50余米深的冰芯。

1999年1月11日,第三次冰盖考察队深入到南极内陆1100余千米的A冰穹地区,在海拔3800多米高的冰盖上,利用我国自行研制的钻机,钻取到百米深的冰芯,打破了我国冰芯钻探的最高纪录。据测算,该冰芯的"年龄"起码超过600岁。这次获得的冰芯,为南极科学研究和全球气候变化研究提供了宝贵的实物资料。

于北京时间2005年1月18日,中国第21次南极冰盖昆仑科学考察队成功抵达南极内陆冰盖(DOME-A)的最高点。考察队到达的确切位置为:南纬80度22分00秒,东经77度21分11秒,海拔4093米。中国成为国际上首个从地面进入该点展开科学考察活动的国家。

"DOME-A"是南极内陆冰盖海拔最高的地区,气候条件极端恶劣。

280. 为什么要在南极冰盖上钻取冰芯?

南极考察队员在南极冰盖上钻取冰芯样品是非常不容易的,有的深冰芯的钻取要在南极高原上建立设施齐全的考察站,花费无数的人力物力,费时几年才能完成。当然,科学家在北极的一些冰川和青藏高原的冰川上也钻取冰芯,但较在南极要容易得多。这一切为什么呢?原来,南极、北极和青藏高原的冰川是由每年的降雪堆积成的冰层所构成,冰雪将大气中降落的各种物质完好地储存起来,因此,冰芯提供了自冰川形成以来气候的全部历史记录。通过对钻取冰样的研究分析,可以了解全球气候的历史演变过程,可以判别人类活动(特别是工业社会以来)对全球环境的影响,还可以获知天体和地球演化史上发生的重大事件。因此,冰雪是人类认识自然环境的重要宝库。

极地科考

北极世界探索

281. 什么是北极和北极地区？

地球自转轴与地球表面的交点,称为地理极,在南半球的地理极称为南极点;在北半球的地理极称为北极点。同南极相似,北极也有几种概念。"北极"一词,一般泛指北极地区。北极地区通常指北极圈(北纬66度33分)以北的区域,包括北冰洋的绝大部分水域、岛屿、欧洲、亚洲和北美洲的北方大陆,总面积2100万平方千米,其中陆地面积约800万平方千米。也有人从气候上划分北极地区,以最热月份10度的等温线(海洋为5度等温线)作为北极地区的南界,按这样划分,它的总面积约2700万平方千米,其中陆地面积约1200万平方千米。有时也有把全年内北极气团占优势的地区作为划分北极地区的依据,这样就不包括格陵兰岛南部和挪威海、格陵兰海的南部了。

282. 北冰洋是世界上最小的洋吗？

"北冰洋"一词源于希腊语,意为正对大熊星座(北斗七星)的海洋。

北冰洋是一个近于半封闭的地中海。它通过挪威海、格陵兰海、加拿大北极群岛间各海峡和巴芬湾同大西洋连接,以狭窄的白令海峡沟通太平洋。1650年,荷兰地理学家巴伦支首次把它划作独立的海洋,并称之为"极北的海洋"或"寒冷的海洋"。直到1845年,伦敦地理学会才正式把它命名为北冰洋。

北冰洋是世界四大洋中最小的一个,也是最浅的一个洋,它的面积为1478.8万平方千米,与南极大陆相当,仅为太平洋面积的十二分之一;平均水深1097米,不到太平洋的三分之一;最大水深为5499米,仅为太平洋的二分之一。北冰洋有7个附属海。

北极彩霞

283. 北极有哪些岛屿?

别看北冰洋面积不大,但它的岛屿数量可不少,在四大洋中,它的岛屿的数量和面积仅次于太平洋,居第二位。北冰洋中岛屿的总面积约380万平方千米(包括属于大西洋的格陵兰岛南部),绝大多数岛屿位于大陆架上,其成因同陆地类似,所以称它们为大陆岛。最大的岛屿是格陵兰岛,最大的群岛是加拿大北极群岛。其他主要岛屿和群岛有:新地岛、斯匹次卑尔根群岛、北地群岛、新西伯利亚群岛及法兰士约瑟夫地群岛等。这些岛屿在自然条件上绝大部分属于极地荒漠带,少数纬度较低的岛屿属生长苔藓和地衣的北极苔原带。

284. 北极为什么非常寒冷?

　　北极的气候特点,首先是由它所处的高纬度的地理位置所决定的,因为高纬度的地理位置,导致一年中有漫长的极昼和极夜,同时,即使在有阳光照射时,由于太阳光线的入射角较小,使单位面积上全年得到的太阳辐射能较少,仅相当于温带地区的一半至三分之一。同时,由于北冰洋冬季漫长的北极夜要消耗大量的热量,夏季海冰融化也要消耗大量的热能,白色的冰雪又将大部分太阳能反射回去,所以,从全年的热量(辐射能)平衡来看,处于严重的亏损状态,这就是北冰洋和北极地区全年气温和水温较低、并分布有大面积海冰和冰盖的原因。

285. 北极也有极光吗?

　　同南极一样,北极也有极光。在北极的极夜期间,天空中经常出现五彩缤纷、变幻无穷、美丽动人的北极光。有人曾做过这样的描述:北极光有时呈银白色,凝结不动;有时极为明亮,掩去星月的光芒;有时极为清淡,宛如一片微云;有时如一弯弧光,呈现淡绿、微红的色调;有时如无数匹彩绸缎抛向天空;有时如丝质纱巾,迎风飘动,反射出紫色乃至深红的色彩;有时出现在地平线上空,如同星光照耀;有时红色强烈,犹如一片火;有时许多光带密聚在一起;有时辐射出许多光束,好像打开的彩扇,又像无数飘动的舞裙。尤其引人入胜的是火炬形的北极光,它给人的印象是既像点燃的火炬,又像从天际滚向天顶的巨浪。在我国新疆和黑龙江地区也有出现北极光的报道,但是非常罕见。

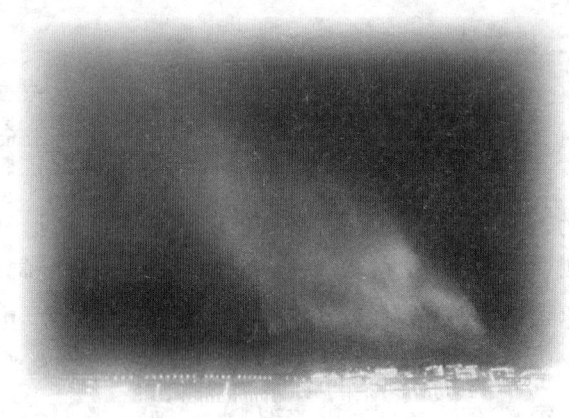

北极极光

286. 北极的海冰和南极的冰盖是一回事吗?

　　北极地区的主体是北冰洋,与南极不同的是,南极是厚达数千米的冰盖,而北极中心部分是厚度仅几米的海冰。北冰洋大部分海域被平均约3米厚的冰层所覆盖,据洋底沉积物年代测定,表明这里的海冰已持续存在了300万年。大部分海区,尤其是纬度高于北纬70度的洋区,存在着永久性的海冰,海冰的总面积,冬季为1000万平方千米～1100万平方千米,夏季为750万平方千米～800万平方千米。在北纬60度～75度的海区,海冰的出现是季节性的,常有一年的周期。边缘海区,海冰南界不固定,随着水文气象条件的变化,往往能变动几百千米。当年冰的厚度,春季达2.5米～3米,多年冰的厚度达3

米~4米。在风和海流的作用下,大群冰块叠积,形成流冰群,可在局部海区堆积很高,并向纵深下沉几十米,从而形成巨大的浮冰山。冰山露出水面的高度约10米~12米,有时高达15米,水下部分厚达约40米,水平方向的面积可达600平方千米~700平方千米。来自格陵兰东岸冰川的冰山,能漂过极地水域进入大西洋,个别可向南漂移到北纬40度。

北极临时浮冰站

287. 北极植物与南极植物有什么区别?

南极洲的植物与北极形成鲜明的对照。南极洲与世界其他大陆隔离,再加上气候严寒、干燥、风大、日照少、营养缺乏和生长季节短等因素,严重限制了陆地植物的生长,故植物稀少,没有树木,没有花卉,也没有多少高等植物。科学家发现,南极洲有850多种植物,多数为低等植物,开花植物非常稀少,仅有3种开花植物属于高等植物。低等植物中,有350多种地衣,370多种苔藓,130多种藻类。尽管北极地区也寒风凛冽,气候多变,冬季气温也常在零下60℃以下,大部分地区属于永久冻土带,但毕竟没有南极洲那么酷寒,因此,北极地区的植物比南极洲的长得

北极鳍脚类生物

茂盛得多,种类也多。北极地区有100多种开花植物,2000多种地衣,500多种苔藓,还有南极洲没有的其他植物呢。

288. 北冰洋有哪些哺乳动物和经济鱼类?

巨大的海洋哺乳动物是引人注目的极地野生动物,这些动物对以渔猎为生的土著人来说是很重要的,其中

海象——瞧这一家子

有的还有巨大的商业价值。北冰洋的哺乳动物包括鳍脚

目,有海狗、斑海豹和海象。海狗不像其他几种动物在北极附近出现,而只到达北极区的南部边缘,白令海中的普里比洛夫群岛是海狗主要的觅食区之一。斑海豹有6种,其中3种全年都广泛地分布于北极,这对爱斯基摩人来说很重要,有两种是迁移的,已被商业开发。北极熊整年生活在包括中央海盆在内的整个北极,它是北极无可争辩的霸主,以海豹等为食。北极熊和北极狐都是珍贵的动物。北冰洋的重要经济鱼类是鳕鱼,鳕鱼有两种:大西洋鳕和太平洋鳕,生活于浅水中,以蛤和其他底栖动物为食。巴伦支海和挪威海是世界上最大的渔场之一,捕获量较大的有鳕鱼、黑线鳕、蝶鱼和毛鳞鱼。

289. 什么是北极的"东北航线"和"西北航线"?

13世纪下半叶,意大利旅行家马可·波罗在中国生活了24年,回国后写出《马可·波罗游记》这部千古不朽的名著,书中描写的那个"黄金铺路"、"绫罗绸缎比比皆是"的东方古国,便成为无数西方人憧憬的地方。寻找一条穿越北极海域、直抵中国的"东北航线"或"西北航线",竟然成为在西方世界延续了几个世纪的一场角逐。先是意大利航海家哥伦布驾船向西进军,他此行虽没有实现初衷,却找到了美洲这个新大陆。接下来,有英格兰的马丁·弗罗贝舍、挪威的巴伦支、俄罗斯的白令、英国的富兰克林等,前赴后继地向北极海域发起冲击,他们中多数人都把自己的生命献给了那片冰凉的寒漠。直到1878年,才由芬兰科学家阿道夫·伊雷克率船队打通了"东北航线"。至1906年8月的最后一天,挪威人阿蒙森驾船好不容易穿越了加拿大北极地区那岛屿密布、冰山林立的迷宫水道,抵达阿拉斯加西海岸的诺姆港,实现了打通"西北航线"这个人们几个世纪以来为之奋斗的目标。

290. 第一个横跨北冰洋的探险队是哪一支?

1968年2月21日,由4人组成的英国横跨北极探险队,从美国阿拉斯加州的最北端巴罗角出发,冒着零下44℃的严寒,在北极巨大的浮冰群上作了长距离旅行。经过整整464天,于1969年5月29日到达挪威的斯瓦尔巴德(即斯匹次卑尔根群岛)东北部的七岛群岛,全部行程达5825千米,成为第一个横跨北冰洋的探险队。

北极冰芯

291. 最北的陆地在哪里?

北美洲的卡菲克卢本岛,位于格陵兰岛以北的海面上。卡菲克卢本岛,意为"咖啡俱乐部"岛。但它的纬度长期未确切测定,直到1969年6月,才确定为北纬83度40分06秒,比莫里斯·耶苏普角(北纬83度39分)还偏北纬度1分,因而长期被认为既是北美洲的最北端,也是世界最北、最接近北极的陆地,与北极点相距708千米。1978年7月26日,丹麦测量学家在卡菲克卢本岛以北1千米外发现一座小岛,命名为乌达克岛,地理坐标是北纬

83度40分32.5秒,西经30度40分10.1秒,距北极706.4千米,超过卡菲克卢本岛,成为世界上最北和距北极最近的陆地。

292. 北冰洋有哪些矿藏?

北冰洋辽阔的大陆架蕴藏着丰富的宝藏,虽然对这些海区的勘探工作处于初始阶段,但已发现两个海区具有理想的油气埋藏结构:一个是拉普捷夫海,另一个是加拿大群岛周围海域,勘探活动最活跃的地区是北冰洋的加拿大区域,探明储量最多的是波弗特海。此外,北冰洋洋底还富有锰结核、锡和硬石膏矿等。据估计,北冰洋石油、天然气、煤和金属矿物的蕴藏量,约占世界总蕴藏量的三分之一。仅加拿大外海,石油蕴藏量就约为1000亿桶,天然气100万兆立方米。美国和加拿大的一些石油公司目前已在进行油气开采。

293. 北极地区的土著居民是谁?

世界上同冰雪打交道最多的人,恐怕非爱斯基摩人莫属。他们居住在其他民族很难忍受的寒冷北极地区,过着渔猎生活。大多数爱斯基摩人居住在海边,专门猎取海洋哺乳动物,尤其是各种海豹、鲸和海象,在许可的范围内有时也猎取北极熊。在美国阿拉斯加和加拿大北部一些内地的爱斯基摩人专

传统的爱斯基摩猎人

门依赖于猎取驯鹿为生,但最具爱斯基摩特点的村庄,分布在北冰洋沿岸,在北纬60度至70度之间。爱斯基摩人的最北分布是在格陵兰西北部,他们被称为极地爱斯基摩人,生活在北纬79度以北。

294. 北极地区的植物有什么特点?

北极植物多生长在大陆边缘岩石较多、背风向阳的狭窄地带和纬度较低的岛屿上。在这些植物中,生命力最强的是地衣,据科学家估计,北极地衣的寿命有的可能超过400年,有时每年的生长速度仅5毫米。北极地衣是菌类和兰藻类植物相结合的产物,菌类吸收并贮存兰藻需要的大量水分,并分泌氮、磷物质作为兰藻的营养来源;兰藻则提供给菌类以维持营养的碳水化合物。这样的结合,使它们以新的生命力适应了北极的高寒环境,成为北极植物的一个分支。

北极的开花植物也不少,每到夏季,色彩艳丽的花卉点缀着雪原。北极花的形状都是杯型,而且永远向着太阳开放,这主要是因北极阳光微弱的缘故。北极植物都有紧贴地而生长的趋势,目的在于抵御强风的侵袭。北极夏季短暂,大多数植物的生长、开花、结果都必须在短短的时间内迅速完成。随着严冬降临,各种植物先后死亡,只留下种子冬眠,待到第二年夏季重新开始新生命的循环。

295. 中国参加了哪些北极科学组织？

钻冰（北极）

1990年，8个环北极国家成立了国际北极科学委员会，1996年又成立了政府间的北极理事会，几乎所有北半球发达国家都开展了北极研究活动。我国于1996年加入了该组织，成为第16个成员国。

296. 我国为什么要进行北极科学考察？

我国地处北半球，开展北极研究，不仅对认识极地系统，进而认识整体地球系统具有重要的科学意义，而且对我国气候、环境、农业、资源等方面的现实意义也是很明显的。北极地区的气候环境过程直接影响我国的气候与环境变化，关系到我国未来国民经济的可持续性发展，中国科学家有必要研究该地区的气候和环境问题。北极地区的公共资源属于全人类，我国有责任、有义务、有能力参与北极地区自然资源的和平利用与保护。我国经济和社会的发展已经产生了对北极地区自然资源的需求。北极地区是许多科学研究领域的理想场所，中国应该积极参与北极科学研究工作，为人类对自然界和北极认识的进步作出应有的贡献，维护中华民族在北极地区的合法权益。

帐篷内

297. 你知道我国北极考察的历史吗？

早在1957年，以竺可桢为代表的我国科学家就曾呼吁，我国地质演变与两极有关，要开展这方面的科学研究，参与极地地质考察活动。1964年，国家海洋局成立，国务院赋予了国家海洋局进行南极和北冰洋考察的任务。

改革开放初期，20世纪70年代末80年代初，以孙鸿烈为代表的一批科技工作者联名向国务院写信，呼吁开展极地科学考察。1995年，我国科学家曾以民间组织和民间集资的形式，开展远征北极点活动。1998年7月，国家海洋局组织了由专家和船长组成的北极考察团，考察了至北极点的北冰洋航线和自然环境，这些都为以后中国政府组织的首次北极科学考察奠定了基础。

到2008年,我国科学家乘坐"雪龙"号船进行了三次北极考察。

雪地车

298. 北极也像南极一样有许多科学考察站吗?

北极的自然环境与南极相比有不少相似的地方,但是在国际政治等方面却截然不同。北极是被大陆包围的海洋,周边的陆地和领海已经分属8个国家,不能随意建设科学考察站。环北极的国家通常是在自己的北极领土内建有科学考察站。

但是,在1925年8月14日生效的《斯匹次卑尔根群岛条约》中规定,缔约国在"承认挪威对斯匹次卑尔根群岛拥有完全主权"的前提下,享有在北极斯匹次卑尔根群岛地域及其领水内进行捕鱼、狩猎权,开展海洋、工业、矿业、商业活动的权利和在一定条件下开展科学调查活动的权利。到目前为止,已有8个国家在该地区建有常年科学考察站,其中绝大部分是非北极国家在冷战以后建造的。这其中,日本早在1991年就在该群岛的新奥尔松地区建站;韩国也于1999年派遣科学家参加了我国首次北极科学考察,随后于2002年在该群岛的新奥尔松建站。

299. 我国在北极也有科学考察站吗?

回答是肯定的,我国在北极的科学考察站叫黄河站。我国是《斯匹次卑尔根群岛条约》的缔约国,拥有条约中规定的包括科学考察在内的相应权利,这使我国在该地区建立科学考察站具有了法律依据。

2004年7月28日,我国首个北极科学考察站——黄河站在挪威斯匹次卑尔根群岛的新奥尔松建立。黄河站的地理坐标为北纬78度55分,东经11度56分。我国北极黄河站为一栋两层楼房,总面积约500平方米,包括实验室、办公室、阅览休息室、宿舍、储藏室等,可供20人~

中国北极黄河站

25人同时工作和居住,并且建有用于高空大气物理等观测项目的屋顶观测平台。黄河站与在当地已经建立的其他国家科学考察站一样,基础设施和公共服务由挪威方面提供。

300. 中国首次北极科考进行了哪些项目?

我国第一次由政府部门直接组织的北极科学考察活动,是由124名科考队员组成的中国首次北极科学考察队,于1999年7月1日乘"雪龙"号船从上海出发,途经东海、黄海、日本海、鄂霍次克海、白令海,先后在楚科奇海、白令海、加拿大海盆和北冰洋浮冰区、多年海冰区进行了大洋综合调查和冰区综合考察,于9月9日回到上海港。考察队克服了多雾、浮冰、海流、北极熊等困难,行程1.321万海里,圆满地完成了预定的科考任务。

冰雷达探冰

首航北冰洋的"雪龙"号航行到北纬75度30分、西经160度附近,创造了我国航海历史上的最北记录,其中在冰区中连续航行2000多海里,创造了中国船只冰区航行里程的新记录;科考队在北纬75度附近建立了联合冰站,在面临冰裂的危险下,进行了长达7天的海-冰-气-生物综合观测;科考队部分队员还飞抵最北点——北纬77度18分进行了考察作业。

这次考察获取了大量的科学样品和观测数据。

301. 中国首次北极科考遇到北极熊了吗?

中国首次北极科学考察就遇到了北极最凶猛的动物北极熊10只之多,其中冰上作业的一次最富传奇色彩。最主要的是,在船上看北极熊和在冰上看北极熊心情绝对不一样,前者像是进野生动物园参观,而后者则有生命危险。

1999年8月22日中午,北极考察队的冰雪小组6人乘"直九"直升机,携带3天的干粮、帐篷、睡袋、发电机、电台、手持式卫星定位仪,来到一块约1平方千米的冰面上作业,为防范北极熊可能的袭击,考察队每次冰上作业都携带枪支,这次也不例外。中午12点左右,正在专心打冰钻的康建成无意中一抬头,看见远处立着一大两小共3只北极熊,双方距离不到200米。他赶紧大声喊来兼任防卫任务的夏立民,其他几名队员也都聚拢过来。夏立民抓起冲锋枪,目不转睛地紧紧盯住北极熊的一举一动。可能北极熊对考察队员也感到好奇,它们甚至朝前走了两步。等考察队员们举起相机时,那只最大的转身走开了,两只小的也跟着走了。从发现到离开,前后不过5分钟。

302. 中国在北冰洋的岛屿上有什么权益?

北极的陆地和岛屿面积占 800 万平方千米,全部归属于 8 个环北极国家,但北冰洋仍属国际公共海域。此外,北冰洋中北极圈内的斯瓦尔巴德群岛的行政主权尽管属于挪威政府,但由于中国政府于 1925 年就签署了由海牙国际法院主持的《斯瓦尔巴德条约》,因此至今中国人仍有权自由出入该群岛,并在遵守挪威法律的前提下可以在那里进行正常的科学和生产等活动。

303. 世界最北的城市是哪一个?

朗伊尔意译为常年城,是人类建在地球最北端的城市,是挪威所属的斯匹次卑尔根群岛的首府,常年过冬人口为 1200 人。整个斯匹次卑尔根群岛的居民为 3400 人,其中挪威人 1200 人、俄罗斯人 2200 人。

该城位于北纬 78 度 14 分,距北极点 1300 千米。这里每年有 116 天极夜和 116 天极昼,每年 6 月至 8 月为夏季,平均气温可达 4℃。在向阳山坡和谷地,绿草茵茵,显花植物多达 130 种。该城最冷月份平均气温零下 13℃,年平均气温为零下 7℃,属极地海洋性气候,与同纬度南极地区相比,气温约高 20℃,这主要是挪威海的一股暖流从群岛北岸流过影响的结果。因此,北极熊也喜欢来这里栖息,据 1981 年调查,在群岛及其以西的浮冰上栖息的北极熊有 5000 头左右。

挪威人最初选定朗伊尔为基地,为的是猎鲸捕熊,但后来又发现了丰富的矿产资源,如煤、磷灰石、云母、石棉、石膏、石油、天然气、铁、大理石等,就弃猎从矿了。开矿主要是采煤(储量约110亿吨),每年向挪威本土输送煤炭几十万吨。由于矿业的发展,使朗伊尔逐渐拥有了城市的一切设施,如住宅、商店、银行、邮局、医院、学校、电影院、广播电台、发电站、工厂和港口等。矿工在夏半年干活,在冬半年大部分撤回本土,只有少数留下过冬。

304. 白令海是怎么得名的?

1725年1月,俄罗斯彼得大帝任命丹麦人白令为俄国考察队队长,去完成"确定亚洲和美洲大陆是否连在一起"的任务。白令率25名队员离开俄国,向东横穿俄罗斯8000多千米后,到达太平洋海岸,然后向西北方向航行。在此后17年中,白令前后完成了两次极其艰难的探险航行。在第一次航行中,他绘制了堪察加半岛的海图,并顺利地通过了阿拉斯加和西伯利亚之间的航道,即白令海峡。1739年开始的第二次航行中,他到达北美西海岸,发现了阿留申群岛和阿拉斯加。前后共有100多人在这两次探险中死亡,包括白令自己。后人为纪念这位伟大的北极探险家,把太平洋与北冰洋之间的海峡称为白令海峡,把白令海峡南部的海域称为白令海。

305. 著名的北极探险家巴伦支怎样献身北极?

荷兰人巴伦支为寻找东北航线,自1594—1597年曾5次率领探险队去巴伦支海,并两次沿新地岛西岸和北岸航行,到达了喀拉海峡。1594年,在基利金岛附近,巴伦支带领两艘船向东北航行。7月13日,在雾气弥漫的天气里,他们航行到一片冰原的边缘,经测定,探险队已经到达北纬77度15分,至此,他创造了当时西欧航海家远航到北冰洋的最北记录。7月29日,巴伦支在北纬77度附近又发现了他命名的冰角。8月1日,他在发现了不大的奥兰斯基岛群之后返航。1596年,又开始了他最后一次冒险远航的征程,当他航行到北纬74度30分海面时,发现了一个海岛,船员们在岛上发现了一只被打死的北极熊,这个岛因此被命名为熊岛。4天后,他们又调转船头朝北偏西方向驶去,6月19日,船队来到了一群岛面前,岛上重峦迭嶂,山势峥嵘,便被巴伦支称之为斯匹次卑尔根群岛。8月26日,他们停泊在新地岛北岸,这是西欧人在北极地区的第一个越冬地。巨大的冰山和海冰对船只造成了很大威胁,他们被迫从船上卸下武器、货物和航海器具,在岸上用木桨和船改造成一座小屋,再把木板连接在一起,筑成一圈围墙。异常寒冷的环境和严重营养不良,使几乎所有的探险队员都患了坏血病。在1597年,17个越冬人员中已有5人死去,其中就有巴伦支。直到1871年,人们才在巴伦支住过的那座小屋里发现遗留下来的部分物品,其中有在桌子上放着的一本被打开的书《中国历史》。又过了5年,即1876年,人们又在那座已倒塌小屋的废墟里找到了巴伦支写的考察报告。为了纪念这位百折不挠的探险家,从19世纪中叶起,人们就把埋葬他的那个大海命名为巴伦支海。

306. 北极探险家富兰克林如何神秘失踪?

约翰·富兰克林是英国著名的极地探险家,他在加拿大北极区考察了约 1200 海里的漫长海岸线,立下了卓著的功勋,因而在返回英格兰不久就被授予爵士称号。

　　1843 年,英国海军部批准富兰克林率领一支新的探险队。他选用了两艘刚从南极海域回来的探险船"黑暗"号和"恐怖"号,并亲自挑选了 128 名探险队员。1845 年 5 月 26 日,富兰克林指挥探险船从泰晤士河起航,开始了具有历史意义的海上探险活动。2 个月后,在格陵兰附近海域,探险船队被一艘巨大的被人们遗弃的捕鲸船挡住了去路,随后便失去了与英国的一切联系。2 年的时间过去了,还是不见探险队的踪影。1848 年初春,海军部派出了 3 支规模较大的搜寻队,没有多久,这 3 支搜寻队都失败了。1854 年 10 月,为了寻找这支已失踪多年的探险队,富兰克林太太组织一支搜寻队,买了一艘 177 吨的游船"狐狸"号,进行了适应北极航行的改装,并请参加过第一次搜寻活动的舰长马克林特克海军上尉,来指挥这一次的搜寻活动。经过千辛万苦,1859 年 5 月,搜寻队在威廉岛西部沿海找到了富兰克林探险队几名成员的尸体和"黑暗"号上的救生艇以及完好无损的航海记录。通过航海记录得知,富兰克林当初试图通过威廉岛西面的维多利亚海峡,由于碰到了巨大的浮冰,被围在这个地区。1847 年,他不幸死去。后来在长期的饥寒的折磨下,一些探险队员也相继捐躯。1848 年春季,也就是探险队写下这份记录前,已经接替富兰克林职务的克劳齐上校决定离开探险船,去大鱼河寻求援助,特别是寻找食物。但一切都是徒劳的,100 多名探险队员和船员,在寒冷、饥饿和疾病的折磨下,绝大部分先后死于这个荒凉的岛屿上,少数侥幸逃出的,也死在半路。这是北冰洋和北极探险史上最大的一次遇难事件。

富兰克林的北极之行尽管以失败告终,但是,他的英雄行为和献身精神却使后人无比钦佩,他被人们誉为海洋探险事业的先驱者,成了历史上一名伟大的海洋探险家。

307. 第一个到达北极点的探险家是谁?

美国探险家罗伯特·皮尔里是第一个到达北极点的探险家。皮尔里在北极探险花费了23年的时间,他为了实现自己攀登北极点的志愿,很早就开始了精心的准备,并多次进入北冰洋。

1908年6月6日,皮尔里再次率领"罗斯福"号探险船去北极探险。探险队由21人组成。9月5日,"罗斯福"号驶抵离北极只有约900千米的谢里登角,却被严严实实的冰封在海湾里了。第二年2月22日,皮尔里留下一些人员,组成3个梯队向最后一个出发点——哥伦比亚角前进。前两个梯队打前站,负责探路、修建房屋,好让皮尔里指挥的第三梯队保持旺盛的体力向北极点冲击。4月1日,最后一批人员撤回基地,参加最后冲锋的只有皮尔里、亨森和3个爱斯基摩人,当时,突击队离北极点还有约240千米。4月5日,皮尔里已到达北纬89度25分处,离北极点只有约9000米了。在一处冰间水流中,皮尔里放下一根长达2752米的绳子测深,结果还是没探到底。快到北极点时,他们每个人的体力都消耗太大了,两条腿仿佛有千斤重,一步也迈不动,眼皮也在不停地"打架"。稍作休息之后,皮尔里一行勇敢地冲向北极点,终于在1909年4月6日到达北极点。后来,经过专家们的仔细鉴定,确认皮尔里是世界上第一个到达北极点的探险家,他所到达的地点,是北纬89度55分24秒,西经159度。皮尔里在北极逗留了30小时后返回营地。

皮尔里的北极探险以无可辩驳的事实证明:从格陵兰到北极不存在任何陆地,整个北极都是一片坚冰覆盖的大洋。

308. 有没有人独自到达北极点?

1978年,日本探险家植村直己只身探险北极是近年北极探险史上有代表性的事件。为了进行这次北极探险活动,植村直己作了充分的准备。1978年3月5日,植村直己坐上由17只狗拉的雪橇,从加拿大的北极群岛埃尔斯米尔岛北端的哥伦比亚角出发,踏上乱冰块,开始了向北极的远征,行程约900千米。他携带了一部收发报机,以便进行联系。同时,他还从气象卫星定期获得天气预报。他

中国北极站房顶

本人在探险期间采集了极地的冰、雪和空气标本,进行了科学研究。加拿大的飞机按预定地点和日期为他设了10

个空投点,空投补给品。尽管有这些现代化的技术装备,但这次探险仍是极其艰难惊险的。10多米高的冰山有时挡住了他前进的去路,北极熊时常对他进行袭击,零下40℃的严寒和暴风雪,特别是冰块的漂浮和破裂经常给他带来严重的威胁。5月1日,植村直己到达了北极点。

309. 滑雪到达北极点的是哪一支探险队?

1979年3月16日,7名前苏联科学考察者携带滑雪板,从新西伯利亚群岛最北部的根里叶蒂岛出发,冒着零下30℃的严寒向北进发,沿途经过了坎坷不平的浮冰群和许多冰裂地带,历时77天,于5月31日到达北极点,全程共1500千米。除了途中由飞机为他们提供各种给养外,在整个行进过程未用任何交通工具,仅用滑雪板到达北极,这在人类历史上是唯一的一次。

310. 潜艇能否从冰下到达北极点?

1957年8月至1957年9月,美国海军原子能潜艇"鹦鹉螺"号在艇长安德森的指挥下,在冰下航行了5天半,到达北纬87度,没有发现很厚的冰层。8月份,该艇通过白令海峡北进,潜航到冰下横穿北极,于1958年8月3日到达北极点,并成功地驶出格陵兰海的开阔冰域。美国海军的这艘

北极标

"鹦鹉螺"号核潜艇远航北极,开创了人类历史上舰船首次驶抵北极点的壮举。它的姐妹船——"鳐鱼"号在同年8月以北极点为目标潜航了约4633千米,10天之间浮出海面9次,其中一次准确地突破了北极点。

1963年9月29日,在北冰洋高纬度海域冰下航行的一艘苏联核潜艇抵达北极点并在那里浮起。这艘核潜艇在抵达北极点前,艇上的仪器探测出北极点附近是一个被薄冰覆盖的面积不大的冰窟窿。潜艇这时已停车,利用惯性向预定点接近,当恰好到达北极点时,潜艇开始上浮。指挥塔撞破了薄冰,潜艇浮出了北极点。

311. 北冰洋的食物链有什么特点?

北冰洋的浮冰下面,并非如常人想象的那样,是寒冷、黑暗和寂静的深渊。恰恰相反,它是一个生机勃勃的世界。

春天,温暖的阳光促进海藻的生长,在浮冰底部形成一个褐色的海藻层,尽管海藻仅占海洋植物总量的十分之一,但它提供了海冰中几乎全部的食物来源,是海洋食物链的基础。可以这样说,如果没有海藻,北极海洋中的一切生物包括大型哺乳动物都将不复存在。海藻成为各种形如磷虾的小甲壳类动物狼吞虎咽的饵料,而小甲壳类动物又招引来北极鳕鱼,这是一种细小的总是围绕着浮冰区边缘打转的海洋鱼类。微小的海洋动物以浮游植物(海藻)为生,同时,它们又被较大的海洋动物所吞食。在北极的这道长长的食物链中关键的一环是北极鳕鱼,正像南大洋中的磷虾一样,它扮演既是捕食者,又是牺牲品的双重角色,完成了将能量由低级水平转移到高级水平的任务——即从浮游生物转移到鲸和海豹之类的海洋哺乳动物。处在这一食物链最顶端的则是北极熊和爱斯基摩人。

312. 北极熊有什么生活习性?

北极地区生活着各种动物,最有代表性的动物是北极熊,它同企鹅代表南极洲一样是北极地区的象征。北极熊性情凶猛,熊爪如铁钩,熊牙赛利刃,它的前掌一扑,可以使人的头颅粉碎。因此,它是自然界最凶狠的野兽之一。最大的北极熊体重可达900千克。北极熊经常栖息于北极的海冰上,过着水陆两栖的生活。多数北极熊都在夜间潜行觅食。隆冬时节,小熊降生了,一般为双胞胎,偶尔是单个或三个。刚生下的熊仔光秃秃的,像只小耗子,经过3~4个月的哺乳,一般长到10千克左右。小熊跟随母熊有的可长达2年,一旦长成,它们很少找同类做伴,只有当交配期来到,它们才互相呼唤。北极熊在20岁~25岁之前还能生儿育女,目前还无法断定野生北极熊能活多久,估计是20~30年。但是有一只捕获的北极熊在动物园里活了40年。

北极的苔藓

313. 北极熊会主动袭击人吗？

有少数的北极熊主动攻击人类。一位挪威动物学家认为，具有进攻性的北极熊总是断断续续地从鼻孔里喷出粗气，所有动作显得急躁、紧张。在这种情况下，应当小心，应尽快设法摆脱它。见到熊就跑，那是最危险的，北极熊出于固有的本能也会追人。而当北极熊悠然自得，无拘无束，动作随便，头向前伸，像条大狗东闻西嗅时，就不必担心。即使它凑过来，也是出于对人的好奇。要赶走北极熊，通常只需向它投以石块，敲打铁器作响或是对空鸣枪。但同野兽打交道，不能掉以轻心，最好随身携带枪支，以防万一。

314. 人们为什么猎杀北极熊？

北极熊浑身都是宝，它毛皮价格昂贵，现在一张熊皮的价格能卖几千美元，用熊皮制成的地毯，是昂贵、豪华的装饰品。在北极，熊皮是当地居民的常用物品。在挪威的历史上，活捉的北极熊是献给国王和王后的贡品。生气勃勃的北极熊，特别是幼熊，在动物园和马戏团总是受人欢迎的。北极熊的肉很鲜美，但其肝脏因含有过量的维生素A，却是有毒的。

北极熊是人们在北极地

现代的爱斯基摩人

区的一种主要猎捕对象,仅用枪就可以将熊置于死地。爱斯基摩人用狗和火枪更是可以轻易地杀死成年的北极熊。由于商业性的狂杀滥捕,北极熊数量已经大大减少。现在,环北极国家已经设置保护区,制定了相应的法律保护北极熊不被过量捕杀,只有爱斯基摩猎人每人每年还可以捕杀一只北极熊。

315. 北极熊分布在什么范围?

北极熊分布于整个北冰洋及其岛屿,欧洲、亚洲和美洲大陆与其相邻的沿岸,也就是说,几乎北极的所有地方,甚至在北极中心,都能见到北极熊。北极熊的诞生地,大部分是在斯匹次卑尔根群岛的东部、格陵兰的东北和西部、加拿大北极群岛的东部岛屿、法兰士约瑟夫地群岛,特别是弗兰格尔岛。北极地区的斯匹次卑尔根群岛,一年四季都有北极熊出没。不过在严冬季节则很少见到北极熊。冬季,北极熊一般在雪窝里休眠,直到来年春季二三月份才出来活动。三月至五月这几个月,北极熊活动频繁。目前北极熊的数量大约是2万只,也就是说,平均每700平方千米的冰面上就有一只北极熊。

316. 北极熊吃什么?

北极熊为食肉性动物,主食海豹、鸟卵、幼海象、各种海生动物以及搁浅的鲸的腐肉等。在某些地区,它们的食物也包括植物,甚至居民点的垃圾。在浮冰上,北极熊常以惊人的耐力整天地守在海豹的冰洞旁等候海豹露头换气,它和雪堆一样一动不动,并会把它那黑鼻子用熊掌遮住,只要海豹稍一露头,便能立刻将海豹捉住。

北极熊的嗅觉器官相当灵敏,它那敏锐的鼻子能在约3000米以外闻到烧海豹脂肪发出的气味。北极熊常常偷偷地溜到北极科学站的营地中去,有时甚至进入帐篷内或跑到厨房和仓库中去翻寻食物。有时

北极熊

北极熊还对科学站上人们的活动感兴趣,常跟在后面或躺在远处,观看人们的工作。而北极的土著居民和科学家却从不敢对北极熊掉以轻心,因为北极熊有能力轻易地杀死一个成年人,北极地区北极熊吃人的报道也是屡见不鲜的。

317. 为什么说北极熊是游泳健将?

同学们也许在动物园中见过北极熊,知道它是游泳的好手。你们也许不知道,它的力气与耐力更是异常惊人,奔跑起来,时速可高达60千米。在冬天,跑步、滑雪、甚至乘雪橇车都追不上它。北极熊还是游水、潜水的好手,一口气能游约320千米。它身体窄扁呈流线型,脑袋狭小,眼睛紧靠上端,颈项硕长而又灵活,熊掌宽大宛如双桨,这一切都表明它是个游泳健将。不仅大熊,就连小熊也能以每小时5千米~6千米的速度长时间游泳。

中国北极考察纪念封

318. 旅鼠为什么进行"死亡之旅"？

在北极动物中，最令人费解的动物就是旅鼠。人们曾发现，一群又一群的旅鼠从岸边往海里游去，游在前面的，精疲力竭后溺死海中，紧跟其后的全然不顾，继续前进，最后，数以万计的旅鼠尸体在海面上漂浮，这就是所谓的旅鼠"死亡之旅"。

旅鼠是一种以植物根为食的类似老鼠的小动物，比普通老鼠小一点，是北极苔原上肉食鸟类和兽类的主要食物，繁殖率极高。旅鼠数量增加具有明显的周期性，而且整个冻土带动物界的面貌也随着这个周期而发生着变化。通常，每隔2～4年，旅鼠数量急剧增加一次。以旅鼠为主食的动物，例如北极狐，在旅鼠数量增加时，它们的数量也会随之增加，旅鼠数量减少时，它们的数量也随之减少。

自然界中几乎没有任何力量能够阻止旅鼠的迁移。当旅鼠数量急剧增加时，几乎所有的旅鼠都突然变得焦躁不安起来，显示出强烈的迁移意识，沿着一定方向进发,昼夜兼程。当找到适合它们定居的地方,就各奔东西,另安新家。偶尔也能出现上述的"死亡之旅"现象。旅鼠的迁移过程给寂静的冻土带带来热闹非凡而惨不忍睹的场面,这也正是北极狼、北极狐以及各种北极鸟类大饱口福的好机会。

319. 为什么北极兔被称为"雪鞋兔"?

北极兔的体型比家兔大,身体肥胖,耳朵和后肢比较小,当然,"兔子尾巴长不了"是所有兔子的共同特征。北极兔肉味鲜美,毛皮珍贵,因此也成了人们猎取的对象,它们的数量本来就不多,所以现在就更少了。到北极苔原考察的人员,见到北极兔的次数也非常有限。

生活在北美洲北极地区的北极兔,因蹄子很大,人们就叫它"雪鞋兔"。它的蹄子不但大,而且脚底下还长着长毛,这样有助于减少压强,即使在雪地上奔跑,也不大容易陷进雪里。这种兔子有它生存的绝招,即能随着季节的不同而改变自身的颜色:春、夏、秋三季为灰褐色,一到冬季则变为雪白色,使敌人难以发现它。北极兔蓬松的绒毛能形成一层绝缘层,以有效地防止热量的散失,这对它度过北极严寒的季节至关重要。

320. 北极有没有狼?

北极地区也有狼,但并不被认为是残害生灵的祸患,相反,爱斯基摩人对北极狼还颇有好感。北极狼喜欢合家而居,不管是雄狼还是雌狼,都一丝不苟地维持着家庭的和谐。"狼夫"、"狼妇"一旦结成伴侣,便相敬相爱、始终不渝。待家里有了后代,父母表现出无微不至的关怀。

小狼在出生后的头两周里,像尚未睁眼的孩子们一样都紧紧地挤在一起(每窝5只～7只),安静地躺在窝中。这时母亲几乎寸步不离,即使偶尔外出,也在很短时间内就赶回来,精心地照料着它们的宝贝。1个月后,母亲开始训练它们,教它们逐渐学会捕食的本领。

北极植物

北极狼是食肉性动物,它虽然不放过旅鼠、田鼠等小动物,但它们主要追逐的是驯鹿和麝牛等大目标。北极狼和驯鹿经常并肩而行,狼的出现,也不会使驯鹿惊慌失措,因为强壮的成年驯鹿善跑,还可以用角和强有力的前腿自卫,因此,落入北极狼口的主要是那些老弱病残的驯鹿。可以这样说,在驯鹿的迁移行动中,北极狼充当了"收容队"的角色。

321. 北极驯鹿为什么被称为"雪路先锋"?

北极驯鹿又名北方鹿,并非驯养之鹿。驯鹿区别于世界上其他鹿种的最大特点是,雄鹿和雌鹿都长着树枝般的角。驯鹿的名字是从印第安语"克萨里布"演变而来,它的意思是"雪路先锋"。这个名起得非常恰当,因为它强壮而灵活的四肢及那坚硬而宽大的四蹄,使它不仅在雪地上行进自如,也能从1米深的坚硬雪里刨出食物。

驯鹿大规模的迁徙实在令人惊叹。它们常常长途跋涉500千米~700千米,甚至更远,这一点完全可以与候鸟媲美。而它的惊人之处,是顽强的耐寒能力、从厚而坚实的雪下觅食以及在雪地、泥泞的沼泽地上行走、奔跑自如的本领。驯鹿的冬毛浓密且细,毛干充满空气;而绒毛间也饱含空气,因而既柔软又卷曲,这样,驯鹿好似身着"双层皮袄"。鹿毛厚密,能抵御寒风的袭击,而毛里充足的空气,使它具有良好的浮力。因此,驯鹿能轻而易举地穿江渡河。

驯鹿主要以冻土带的植物为食。夏天,它们吃青草、树叶和鲜蘑;冬天,扒开积雪寻找地衣和苔藓吃。然而,它也不放过捕捉旅鼠的机会;遇到鸟巢时,也会把鸟蛋及幼雏一扫而光。在寒冷漫长的极夜里,驯鹿"仿效"南极企鹅的方式,紧紧挤在一起,越过寒冷的冬季,等待春天的到来。

322. 鸟类的飞行冠军是谁?

世界上鸟类的飞行冠军是北极的燕鸥。北极燕鸥看上去小巧,但却矫健有力,具有非凡的飞行能力,它们在北极地区繁殖,但却要到南极地区去越冬,每年在地球两极之间往返一次,行程达数万千米。

燕鸥总是在南北两极的夏天中度日,而两极的夏天太阳是不落的,所以,它们是地球上唯一一种永远生活在光明中的生物。而且,它们的生命力也非常强。例如,1970年,有人捉到一只腿上套环的燕鸥,发现那个环是1936年套上的,也就是说,这只北极燕鸥至少已经34岁了,由此算来,它的一生中至少飞行了150多万千米。

北极燕鸥不仅飞行能力非凡,而且争强好斗,勇猛无比,聚集成群更是如虎添翼。喜欢偷吃北极燕鸥蛋和幼雏的小动物,甚至北极的霸主北极熊,在北极燕鸥群的面前,也经常畏缩不前,望而却步。

323. 海象的长牙是干什么用的?

北极海象喜欢群居,身长可达5米,体重可达1.5吨。它的躯体呈圆筒状,皮肤又厚又皱,脑袋扁平而前探,脸上长满刷子般的硬胡须。最让人注意的是从嘴角长出2只长牙,长达70厘米～80厘米,重约4千克。

它的长牙到底有什么作用呢?长牙既是海象攀登浮冰或山崖的工具,也是与对手格斗的武器,但它的主要用途是用来挖掘海底,获取食物。海象在捕食时,首先吸足气,然后垂直潜入海底,接着就用长牙耕地,耕完二三米后,便把耕出的蛤用它宽大灵活的前鳍集中在一起,在上浮的同时,双掌不停地搓揉,把蛤壳搓得粉碎。当海象松开"双手"时,蛤肉和蛤壳的碎末开始下沉,因其比重不同,蛤肉比碎壳下沉慢。海象又潜入水下,张大嘴捕食那些蛤肉。因此,称海象为海底"耕耘者"再恰当不过了。

324. 北极海豹有哪些习性？

北极海豹的身体呈纺锤形，适于游泳，头部圆圆的，貌似家狗，全身披毛，前肢短于后肢。海豹有时在海里游泳，有时又成群结队地到岸上休息。海豹的游泳本领很强，速度每小时可达 27 千米。同时，海豹又善长潜水，一般可达 100 米深左右，在水下可以持续约 20 分钟。海豹的天敌是北极熊。

325. 北极海豹怎样繁殖后代？

海豹可是典型的"一夫多妻制"繁殖类型。在发情期，雄海豹便开始追逐雌海豹，一头雌海豹后面往往跟着几头雄海豹，但雌海豹只能从中挑选一头。因此，雄海豹之间不可避免地要发生情场的残酷争斗。战斗结束后，胜利者便和雌海豹一起下水，在水中交配。雄海豹拥有妻室的多少在很大程度上取决于其体质状况，年轻体

小海豹

壮者往往"妻室"较多。怀孕期满的雌海豹，爬到陆地或冰上产仔，每天及时喂奶，精心照料。当发现险情时，它先将小海豹迅速推入水中，然后自己随之潜水而逃。有时，来不及推小海豹下水，它就将身体向空中一跃，用身

体的重量将冰砸破,母子趁机一起逃走。

326. 爱斯基摩人怎样捕捉海豹?

北极的爱斯基摩人捕捉海豹很有办法。夏天,他们划着皮艇,带上海豹叉或带刺梭标、网、绳子或枪等工具,到海豹经常出没的海域,用叉和网相结合的方法猎捕海豹。冬天,爱斯基摩人则是通过寻找海豹的呼吸孔来猎取海豹。当海面结冰时,海豹为了呼吸就用牙齿自下而上把冰层凿出一个小洞,以便按时伸出头来呼吸。爱斯基摩人找到海豹呼吸孔时,就在不远处安放一张大白布,将自己隐藏起来,守株待兔,静静地在刺骨的寒风中呆几小时,甚至一天。当发现海豹露头时,他们就迅速投出鱼叉或用枪瞄准射击。有时,他们还用下网的方法捕海豹,就是在海豹两个呼吸孔之间打个洞,把长4米、宽1米的网放下,在海豹上浮吸气时,不小心碰到网上,网就能把它缠住,越挣扎网就缠得越紧,直到它不能动弹为止。

327. 北极最重要的经济鱼类是哪一种?

北极最重要的经济鱼类是北极鳕鱼。鳕鱼是一种中小型鱼类,最大体长可达36厘米,分布于整个北极海域,是典型的冷水性鱼类。夏天主要生活于巴伦支海的冰缘带,它的幼鱼以小型漂浮植物和浮游动物为食,随着年龄增长,它所摄食的浮游生物个体逐渐由小到大,并部分地捕食小型鱼类。

每年9月份,北极鳕鱼开始向西南方向迁移,在冬季进行产卵,产卵数达9000粒~18000粒。由于水温低,所以孵化期长,一般为4个月~5个月。北极鳕鱼生长速度缓慢,但就其寒冷的环境看也算神速了。冬季,北极鳕鱼的肝脏重量约占体重的10%,其中含50%有价值的脂肪,所以北极鳕鱼成了海豹、鲸和鸟类的重要摄食对象,而且许多冰上和陆地动物如北极熊、北极狐等也常到海岸边寻觅在洄游途中被暴风吹到岸边的北极鳕鱼,以弥补食物的不足。

编后记

世界的未来是青少年的,而世界未来的希望在海洋。21世纪的今天,世界已经进入全面开发和利用海洋的新时代。

在我国青少年中全面、系统地开展海洋知识的普及教育,以适应国际形势变化的需要和未来人类社会发展的需要,是我们当代海洋科技教育工作者的责任和义务。有感于此,我们来自国家机关、高等院校、科研院所、军事机构等40多位海洋科技工作者,花费了三年多时间,精心策划并编撰完成了我国有史以来第一部海洋知识体系最完备、内容最全面的科普图书。

《海洋小百科全书》共20分册,300余万字,110个知识大类,总7000余个知识问答,几乎涵盖了海洋自然科学、海洋人文科学、海洋军事科学的全部基本内容。本书第一版由中国少年儿童出版社于2002年5月出版,2003年9月荣获由中共中央宣传部等国家7个部门联合颁布的"第五届全国优秀科普作品奖科普图书类三等奖"。本书于2007年10月修订再版,今再次修订,由中山大学出版社出版。本次修订在保持原有知识体系和编写风格基本不变的情况下,除进行必要的知识内容更新外,又新增加了《海洋经济》分册,使《海洋小百科全书》的知识体系进一步完备,知识内容更加丰富。

本书自2002年5月出版至今,一直得到社会的普遍关注和广大读者的厚爱,在此,一并向曾经对本书编撰、出版、发行、修订等作出过贡献的人们表示衷心的谢意。

由于本书涵盖的知识内容宽泛,编写任务十分繁重,难免有知识遗漏和编写不当之处,欢迎广大读者提出宝贵的意见和建议。

《海洋小百科全书》主编:关庆利

2010年9月24日

《海洋小百科全书》分类目录
（20分册·110类）

1 海洋地理
　海洋地理大观
　世界海岛揽胜
　海洋地理趣闻
　奇妙海底世界
　海洋地质灾害
　神奇中国岛岸

2 海洋水文
　多姿多彩的海洋
　海水的自然神韵
　海洋与人类互动
　探测海洋的波脉

3 海洋气象
　走近海洋风暴
　探寻海洋天气
　感受海洋冷暖
　变换海洋风雨
　领悟沧海桑田
　俯观海气轮回

4 海洋探险
　古代海洋探险
　近代海洋探险
　现代极地探险
　环球海洋风采

5 海洋航运
　船舶千秋史话
　航海妙趣万千
　惊涛铸造奇闻
　中国航运今昔
　船运业务趣谈

6 极地科考
　挑战人类的环境
　不可争夺的领土
　南极人的生活
　南极生物奇趣
　揭开奥秘的考察
　北极世界的探索

7 海洋生物
　无限生机的海洋
　迷人的海洋奇葩
　璀璨的贝类明星
　威武的虾兵蟹将

微小的海洋居民
　　多彩的海洋植物
8　海洋动物
　　奇妙的动物家族
　　高超的生存技巧
　　神秘的自然之谜
　　复杂的生存关系
　　多彩的情爱生活
　　狰狞的危险动物
　　友善的人类朋友
9　海洋渔业
　　千姿百态捕鱼技术
　　海洋渔业发展史话
　　名贵海产品趣味谈
　　海产品美食与营养
　　海产品保健与药用
10　海洋化学
　　海水的趣味故事
　　海水的化学秘密
　　海水的化学资源
　　无尽的海底宝藏
　　流泪的海洋环境
11　海洋物理
　　妙趣横生海洋物理
　　威力无比海洋声学

　　奇光异彩海洋光学
　　探索海洋高新技术
　　四通八达海底电缆
　　准确无误导航技术
12　海洋工程
　　人类水下生活
　　探索海底世界
　　雄伟近岸工程
　　海上铸造希望
　　港口飞架彩虹
　　旅游方兴未艾
　　无尽海洋能源
13　海洋科教
　　著名的海洋科学家
　　世界海洋科技之最
　　重大海洋科学考察
　　世界海洋科研教育
14　海洋权益
　　蓝色的海洋国土
　　繁杂的海域划分
　　激烈的海洋争斗
　　独特的海运规则
　　严格的船舶管理
　　复杂的海事纠纷
　　神圣的海洋权益

15 海洋经济
  海商奠基帝国兴起
  追寻民族海商踪迹
  当代海洋经济概览
  日新月异朝阳产业
  夯实蓝色经济基石

16 海洋文学
  中国古代海洋文学
  中国现代海洋文学
  外国古代海洋文学
  外国现代海洋文学
  中外海洋影视文学

17 海洋文化
  海洋神化故事
  海洋语言文字
  海洋绘画名作
  海洋雕塑艺术
  海洋音乐经典
  海洋民俗风情

  海洋著作学说

18 海军兵器
  凶悍的汪洋猛鲨
  奇妙的掠波剑鱼
  神秘的龙宫巨鲸
  无敌的长空雄鹰
  未来的海战新秀
  难忘的千年风流

19 古今海战
  古代海战追踪
  近代海战掠影
  "一战"群雄争霸
  "二战"邪灭正兴
  现代海战大观

20 海洋军事
  海军兵力纵横
  海军礼仪风采
  海军名人传奇
  海军趣闻轶事